创意服装设计系列

丛书主编 李正

女装纸样设计与应用

唐甜甜 杨晓月 杨妍 李正 编著

U0230938

化学工业出版社

· 北京 ·

内容简介

本书主要讲授了女装纸样设计的基本原理以及实际操作范例。本书共 10 章，包括女装纸样制作概述、人体构造与服装结构、服装纸样绘制符号与规格、女装基本纸样、基础纸样凸点射线与省道转移原理及应用、女裤纸样设计原理及应用、上衣纸样设计原理及应用、袖型纸样设计原理及应用、领型纸样设计、经典女装纸样设计案例。书中特别介绍了女装纸样设计方法的灵活性，使读者能够较轻松愉快地掌握女装纸样设计的基本内容。

本书提供了一系列切实可行的女装纸样设计基本技术，展现女装纸样设计的合理性与可操作性。本书既可作为服装院校的专业教材，亦可作为设计师和样板师的参考用书，可供服装设计、技术、工艺和产品开发人士以及广大服装设计爱好者阅读参考。

图书在版编目 (CIP) 数据

女装纸样设计与应用 / 唐甜甜等编著 . —北京：
化学工业出版社，2022.11
　（创意服装设计系列 / 李正主编）
　ISBN 978-7-122-42078-7

Ⅰ．①女… Ⅱ．①唐… Ⅲ．①女服－纸样设计 Ⅳ.
① TS941.717

中国版本图书馆 CIP 数据核字 (2022) 第 160954 号

责任编辑：徐　娟　　　　　　　　　　文字编辑：蒋丽婷
责任校对：边　涛　　　　　　　　　　装帧设计：刘丽华

出版发行：化学工业出版社（北京市东城区青年湖南街13号　邮政编码100011）
印　　装：大厂聚鑫印刷有限责任公司
787mm×1092mm　1/16　印张11¼　字数267千字　2023年1月北京第1版第1次印刷

购书咨询：010-64518888　　　　　　　售后服务：010-64518899
网　　址：http://www.cip.com.cn
凡购买本书，如有缺损质量问题，本社销售中心负责调换。

定　　价：58.00元

序

　　服装艺术属于大众艺术，我们每个人都可以是服装设计师，至少是自己的服饰搭配设计师。但是，一旦服装艺术作为专业教学就一定需要具有专业的系统性理论以及教学特有的专业性。在专业教学中，教学的科学性和规范性是所有专业教学都应该追求和不断完善的。

　　我从事服装专业教学工作已有30多年，一直以来都在思考服装艺术高等教育教学究竟应该如何规范、教师在教学中应遵循哪些教学的基本原则，如何施教才能最大限度地挖掘学生的潜在智能，从而培养出优秀的专业人才。因此我在组织和编写本丛书时，主要是基于以下基本原则进行的。

一、兴趣教学原则

　　学生的学习兴趣和对专业的热衷是顺利完成学业的前提，因为个人兴趣是促成事情成功的内因。培养和提高学生的专业兴趣是服装艺术教学中不可或缺的最重要的原则之一。要培养和提高学生的学习兴趣和对专业的热衷，就要改变传统的教学模式以及教学观念，让教学在客观上保持与历史发展同步乃至超前，否则我们将追赶不上历史巨变的脚步。

　　意识先于行动并指导行动。本丛书强化了以兴趣教学为原则的理念，有机地将知识性、趣味性、专业性结合起来，使学生在轻松愉快的氛围中不仅能全面掌握专业知识，还能学习相关学科的知识内容，从根本上培养和提高学生对专业的学习兴趣，使学生由衷地热爱服装艺术专业，最终一定会大大提高学生的学习效率。

二、创新教学原则

　　服装设计课程的重点是培养学生的设计创新能力。艺术设计的根本在于创新，创新需要灵感，而灵感又源于生活。如何培养学生的设计创造力是教师一定要研究的专业教学问题。

　　设计的创造性是衡量设计师最主要的指标，无创造性的服装设计者不能称其为设计师，只能称之为重复劳动者或者是服装技师。要培养一名服装技师并不太难，而要培养一名服装艺术设计师相对来说难度要大很多。本丛书编写的目的是培养服装设计师具备的综合专业素质，使学生不仅掌握设计表现手法和专业技能，更重要的是要具有创新的设计理念和时代审美水准。此外，本丛书还特别注重培养学生独立思考问题的能力，培养学生的哲学思维和抽象思维能力。

三、实用教学原则

　　服装艺术本身与服装艺术教学都应强调其实用性。实用是服装设计的基本原则，也是服装设计的第一原则。本丛书在编写时从实际出发，强化实践教学以增强服装教学的实用性，力求避免纸上谈兵、闭门造车。另外，我认为应将学生参加国内外服装设计与服装技能大赛应纳入专业教学计划，因为学生参加服装大赛有着特别的意义，在形式上它是实用性教学，在具体内容方面它要求了学生的创造力和综合分析问题的能力，还能激发学生的上进心、求知欲，使其能学到在教室里学不到的东西，开阔思路、拓宽视野、挖掘潜力。以上教学手段不仅能强调教学的实用性，而且在客观上也能使教学具有实践性，而实践性教学又正是服装艺术教学中不可缺少的重要环节。

四、提升学生审美的教学原则

重视服饰艺术审美教育，提高学生的艺术修养是服装艺术教学应该重视的基本教学原则。黑格尔说：审美是需要艺术修养的。他强调了审美的教育功能，认为美学具有高层次的含义。服装设计最终反映了设计师对美的一种追求、对于美的理解，反映了设计师的综合艺术素养。

艺术审美教育，除了直接的教育外往往还离不开潜移默化的熏陶。但是，学生在大的艺术环境内非常需要教师的"点化"和必要的引导，否则学生很容易曲解艺术和美的本质。因此，审美教育的意义很大。本丛书在编写时重视审美教育和对学生艺术品位的培养，使学生从不同艺术门类中得到启发和感受，对于提高学生的审美力有着极其重要的作用。

五、科学性原则

科学性是一种正确性、严谨性，它不仅要具有符合规律和逻辑的性质，还具有准确性和高效性。如何实现服装设计教学的科学性是摆在每位专业教师面前的现实问题。本丛书从实际出发，充分运用各种教学手段和现代高科技手段，从而高效地培养出优秀的高等服装艺术专业人才。

服装艺术教学要具有系统性和连续性。本丛书的编写按照必要的步骤循序渐进，既全面系统又有重点地进行科学的安排，这种系统性和连续性也是科学性的体现。

人类社会已经进入物联网智能化时代、高科技突飞猛进的时代，如今服装艺术专业要培养的是高等服装艺术专业复合型人才。所以服装艺术教育要拓展横向空间，使学生做好充分的准备去面向未来、迎接新的时代挑战。这也要求教师不仅要有扎实的专业知识，同时还必须具备专业之外的其他相关学科的知识。本丛书把培养服装艺术专业复合型人才作为宗旨，这也是每位专业教师不可推卸的职责。

我和我的团队将这些对于服装学科教学的思考和原则贯彻到了本丛书的编写中。参加本丛书编写的作者有李正、吴艳、杨妍、王钠、杨希楠、罗婧予、王财富、岳满、韩雅坤、于舒凡、胡晓、孙欣晔、徐文洁、张婕、李晓宇、吴晨露、唐甜甜、杨晓月等18位，他们大多是我国高校服装设计专业教师，都有着丰富的高校教学经验与出版著作经验。

为了更好地提升服装学科的教学品质，苏州大学艺术学院一直以来都与化学工业出版社保持着密切的联系与学术上的沟通。本丛书的出版也是苏州大学艺术学院的一个教学科研成果，在此感谢苏州大学教务部的支持，感谢化学工业出版社的鼎力支持，感谢苏州大学艺术学院领导的大力支持。

在本丛书的撰写中杨妍老师一直具体负责与出版社的联络与沟通，杨妍老师还负责本丛书的组织工作与书稿的部分校稿工作。杨妍老师是本次出版项目的负责人，感谢杨妍老师在本次出版工作中的认真、负责与全身心的投入。

李正　于苏州大学

2022年5月8日

前 言

服装产品之所以能够在市场上赢得消费者的青睐，其纸样设计的合理性与造型的美观性起到了不可忽视的作用。服装纸样设计是逻辑性与数据性并重的技术课题。纸样设计师运用专业手段遵照服装造型设计的要求将服装裁片进行技术分解，同时运用公式与技术数据塑造出符合排料、裁剪与其他生产程序所需的服装裁片。服装纸样设计水准直接关系到服装成品的装饰性、功能性与商品性。

女装纸样设计是女装生产中一个极为重要的技术环节。女装纸样设计课程立足于应用型服装设计人才培养，基于服装行业对服装纸样设计人才及岗位核心职业能力的需求，通过不断探索与实践检验，构建了校企协同培养、产学研相辅相承的教学模式。本书重点讲授了服装纸样设计的基本原理以及实际操作范例。在讲解中还特别介绍了女装纸样构成方法的灵活性，使读者能够较轻松愉快地掌握服装纸样设计的基本内容。为了使本书中女装的结构设计更具有合理性、实施性和可操作性，每个纸样图例都力争进行反复的研究、设计、绘制。本书在女装纸样研究上做了较全面、科学的实践与探讨，力求理论联系实际，注重内容的系统性、连续性、完整性、规范性。因此，本书不仅可以作为服装院校的专业教材，同时也适合从事服装设计的专业技术人员阅读。

本书由唐甜甜、杨晓月、杨妍、李正编著，具体分工如下：唐甜甜负责本书的资料搜集与理论内容撰写；杨晓月负责本书的服装纸样设计制图说明内容；杨妍负责本书的技术文件内容；李正负责统稿。本书在编著过程中得到了苏州城市学院领导与同事的大力支持，特别是施盛威老师、郑天琪老师、陈倩云老师、张智程老师在多方面给予启发，在此特别表示感谢。本书在编写过程中还得到了嘉兴职业技术学院吴艳老师，苏州大学余巧玲，苏州城市学院王涤君、张悦欣与黄雪莹同学的支持与帮助，在此表示感谢。

由于编著者水平有限，本教材难免存在不足之处，诚请专家读者批评指正，以便再版时加以修正。

编著者
2022年3月

目 录

第八章　袖型纸样设计原理及应用 / 108

第九章　领型纸样设计 / 132

第十章　经典女装纸样设计案例 / 150

第一章
女装纸样制作概述

纸样设计是从款式设计到工艺设计的中间环节，具有承前启后的作用。服装纸样是服装厂实行大批量生产的第一手资料，是指导各生产部门开展生产的技术依据，是服装工业化生产的必备条件，在整个服装生产过程中起着主导作用。因此，服装纸样设计在成衣开发过程中有着重要的地位，是不可或缺的关键技术。作为纸样设计师，除了掌握纸样的相关概念、现状与设计意义之外，还需要掌握纸样开发的设计方法与前期准备。

第一节　纸样的相关概念

服装纸样是服装样板的统称，开始开发服装纸样之前我们需要了解纸样的技术概念、名词概念以及延伸概念。服装纸样，广义上是指包括用于批量生产的工业纸样、用于定制服装的单款纸样、家庭使用的简易纸样以及有地域或社会集团区别的号型纸样。狭义上，"纸样"（pattern）一词是现代服装工业的专用语，它含有"样板"和"标准"等意思，既是服装工业标准化的必要手段，更是服装设计进入实质阶段的标志和工艺参数化依据。

一、纸样的技术概念

服装纸样设计是服装生产加工必不可少、十分重要的技术性生产环节，也是能否准确实现服装款式造型目的之根本。服装纸样开发的技术步骤如下。服装设计师在设计出服装效果图后，必须通过结构设计来分解它的造型，即先在打板纸上画出它的结构制图，再制作出服装结构的纸样，然后利用服装纸样对面料进行裁剪，并由车板工人缝制出样衣，如果需要对设计的样衣进行修改，首先需要在结构制图上进行修改，然后修改样衣，直到设计的样衣得到认可。样衣完成后，这套服装纸样就被定型，除去加缩水之类的更改以外，这套纸样就被作为这个款式的标准纸样。服装纸样既是创作设计的延伸和实现，又是工艺设计的依据和基础，所以服装纸样在服装厂里占着举足轻重的位置。

服装纸样设计的技术水准将直接关系到服装成品的品质和它的商品性。高水准的服装纸样设计技术是可以很好地完成服装的技术性美感表达的，服装纸样设计技术对于服装成品的廓形美感与穿着者的舒适度都有着相当决定性的作用。

民谚以"衣不差寸，鞋不差分"来形容服饰尺寸的精准，衣服的大小要以人体体型为基准，不能相差一寸，而鞋履的尺码则以脚型为基准，不能相差一分，否则穿着就不舒适了。服装结构受人体体型结构因素制约，因此，服装纸样应当以人体体型为基础进行设计。服装纸样是服装结构最具体的表现形式，如果把一件立体造型的服装进行拆解，就会分解成多个平面的服装裁片，这些平面的服装裁片能够展现服装的基本结构。由于人体是一个不规则的多曲面体，这就决定了服装的结构构成必须针对人体的每一个曲面和凹凸，分别进行破缝、作省、收褶等多种结构的处理，以做出合乎人体的服装造型。

二、纸样的相关名词概念

服装纸样一般指服装样板，是服装结构最具体的表现形式。在现代服装工业的专用语"纸样"一词的基础上，还需要了解服装纸样的相关名词概念。

母板：是指推板时所用的标准板型。是根据款式要求进行正确的、剪好的结构设计纸板，并已使用该样板进行了实际的放缩板，产生了系列样板。所有的推板规格都要以母板为标准进行规范放缩。一般来讲，不进行推板的标准样板不能叫作母板，只能叫标准板，但习惯上人们常将母板和标准板的概念合二为一。

标准板：是指在实际生产中使用的、正确的结构纸样，它一般是作为母板使用的，所以习惯中有时也称标准板为母板。

样衣：就是以实现某款式为目的而制作的样品衣件或包含新内容的成品服装。样衣的制作、修改与确认是批量生产前的必要环节。

打样：打样就是缝制样衣的过程，又叫封样。

传样：是指成衣工厂为保证大货（较大批量货物）生产的顺利进行，在大批量投产前，按正常流水工序先制作一批服装成品（20～100件不等），其目的是检验大货的可操作性，包括工厂设备的合理使用、技术操作水平、布料和辅料的性能和处理方法、制作工艺的难易程度等。

驳样：是指"拷贝"某服装款式。例如，①买一件服装，然后以该款为标准进行纸样模仿设计，并实际制作出酷似该款的成品；②从服装书刊上确定某一款服装，然后以该款为标准进行纸样模仿设计，并实际制作出酷似该款的成品等。

服装推板：现代服装工业化大生产要求同一种款式的服装要有多种规格，以满足不同体型消费者的需求，这就要求服装企业要按照国家或国际技术标准制定产品的规格系列，全套的或部分的裁剪样板。这种以母板为基准，兼顾各个号型，进行科学的计算、缩放，制定出系列号型样板的方法叫作规格系列推板，即服装推板，简称推板或服装放码，又称服装纸样放缩。在制定工业标准样板与推板时，规格设计中的数值分配一定要合理，要符合专业要求和标准，否则无法制定出合理的样板，也同样无法推出合理的板型。

整体推板：整体推板又称规则推板，是指将结构内容全部进行缩放，也就是每个部位都要随着号型的变化而缩放。例如，一条裤子在进行整体推板时，所有围度、长度、口袋以及省道等都要进行相应的推板。本书所讲的推板主要指整体推板。

局部推板：局部推板又称不规则推板，它是相对于整体推板而言的，是指某服装款式在推板时只推某个或几个部位，而不进行全方位缩放的一种方法。例如，女式牛仔裤在推板时，同一款式的腰围、臀围、腿围相同而只有长度不同，那么该款式就可以进行局部推板。

制板：指服装结构纸样设计，为制作服装而制定的各种结构样板。它包括纸样设计、标准板的绘制和系列推板设计等。

船样：工厂生产的订货服装必须在出货船运之前，按一定的比例（每色每码）抽取大货样衣，这批样衣被称为船样，并且要寄给客人，等到客人确认产品符合要求后所有货物才能装船发货。

三、纸样的延伸概念

纸样的诞生促进了服装生产方式从单件生产到分科生产的转变，具有使服饰产品规模化、标准化、规范化的主要特征。服装纸样是指导各生产部门开展生产的技术依据，是服装工业化生产的必备条件。而最初纸样并不是为了服装工业化生产而诞生的，是为了迎合19世纪初欧洲一些妇女崇尚巴黎时装但又因价格昂贵望而却步的一种新款服装裁片的替代品。

1897年，许多以手工操作的专用缝纫机械相继问世，大大地提高了服装产品的质量和产量。此后，专门分科的工业化生产方式应运而生，出现了专门的设计师、样板师、剪裁工、缝纫工、熨烫工等。这种生产方式的显著特点是批量大。另外分科加工的形式，使缝纫工产生了不完整概念，他们只是遵循单科标准，这就要求设计是全面、系统、准确、标准化的，纸样正是为了适应这些要求而设计制作的。纸样也被称为样板、板型、纸型等。总之，服装纸样是服装工业生产所依据的工艺、造型和加工的标准，因此它也叫工业纸样。

服装纸样设计是现代工业文明以后出现的一个新概念，它主要区别于个体裁缝、高级定制等手工业服装作坊式的制板技术。纸样的真正价值是随着近代服装工业的发展而确立的。服装工业化造就了纸样技术，纸样技术的发展和完善又促进了成衣社会化和标准化的进程，繁荣了时装市场，刺激了服装设计和加工业的发展，使成衣产业成为最早的国际性产业之一。因此，纸样技术的产生被行业界和理论界视为服装产业的第一次技术革命。

服装纸样设计是服装生产中一个极为重要的技术环节。服装生产企业之所以能够在市场上赢得消费者，可以说服装板型的合理性、美观性起到了不可忽视的作用，所以说服装纸样设计也是服装企业生产的核心环节之一。

第二节 女装纸样设计的现状及纸样设计的意义

服装纸样设计在整个服装设计过程中承担着重要的角色，纸样设计可以有效地实现设计构思与技术设计。纸样设计主要是使服装最终造型的结构组织合理化，它的前者是构思计划，后者是加工制作。因此，纸样是服装构思的具体化，又是加工生产的技术条件和依据。从造型学的意义说，纸样是构成服装最终造型的结构形态，是完成服装立体造型的平面展开。

服装板型设计是一种逻辑性和数据性并重的技术课题，一般来说是指工艺样板师运用专业手段遵照服装造型设计的要求将服装裁片进行技术分解，用公式与技术数据将之塑造成符合排料、裁剪与其他生产程序所需的服装裁片。服装品质、服装造型以及服装比例对于一个成功的服装生产企业的重要性是不容忽视的，服装工业样板技术水准将直接关系到服装成品的品质和它的商品性。

一、女装纸样设计的现状

国内外对纸样设计方法的研究有很多。欧美国家、日本是纸样设计研究走在前列的国家。改革开放以来，由于国内服装加工行业的发展，相关服装结构的研究受到重视，因此纸样设计发展迅速。服装纸样设计从穿着人群性别上可分为女装纸样设计与男装纸样设计。女装纸样设计较之男装纸样设计发展更早，为了迎合19世纪初欧洲一些妇女崇尚巴黎时装的市场需求，女装纸样成为一种新款服装裁片的替代品而诞生。

女装纸样的设计方法与男装纸样相同，分为平面裁剪、立体裁剪、平面立体相结合三种。纸样设计师们对平面裁剪的研究由来已久，资料颇为丰富，主要是以学院派的原型法与一些企业使用的比例裁剪法为主。早期的相关书籍大都围绕以上两种方法展开。后期随着国内学者对原型纸样的潜心研究，其产生了不同的分支，例如刘瑞璞原型、东华原型，还有根据其原理产生的类似于母型法的成衣基型法。纸样追求变化的需要使得早前工厂惯用的比例法发展放缓。随着近年来个性化小众品牌与私人定制模式的增多，立体裁剪的应用研究越来越受到重视。

1. 国外现状

举例来说，关于纸样设计的国外研究有以下代表作品。*Little Black Dress* 是法国人伊莎贝尔·桑切斯·埃尔南德斯（Isabel Sanchez Hernandez）编写的一本关于服装几何形平面剪裁的书，主要是通过几何形的平面结构创造出不同于传统平面纸样设计的方法，制作出不同风格和款式的经典服装"小黑裙"。*Pattern Cutting* 的作者丹尼克·春曼·罗（Dennic Chunman Lo），从解剖学上分析人体的比例和构成，引导读者怎样从简单的纸样剪裁向复杂的、创造性的纸样剪裁过渡，书中列举了一些大师的纸样设计，例如约翰·加利亚诺（John Galliano）、山本耀司和三宅一生，并通过完成的服装照片、服装的分解图和CAD/CAM图像来解释这些衣片是如何裁剪出来的。*Pattern Magic* 是日本学者中道友子的魔术裁剪三个系列，作者将一些创意的、具有戏剧性变化的款式运用平面裁剪的方式制作出来，很好地诠释了平面—立体的思维转化过程。*Drape Drape* 是日本作者佐藤久子关于悬垂性服装皱褶变化等的研究。

2. 国内现状

国内关于系列化服装设计方法的研究成果有刘瑞璞教授所著的《TPO品牌化女装系列设计与制板训练》，关于创意服装造型设计的论著有梁明玉、牟群的《创意服装设计学》，许可的《服装造型设计》，罗仕红、伍魏等的《现代服装款式设计》等。

二、纸样设计的意义

纸样设计是将抽象的理念实物化的一系列过程，对于服装造型设计来说，是解决平面与立体关系的转换过程。在这一过程中纸样设计发挥着不可或缺的作用，它决定着服装的板型和最终造型的确立。获取服装纸样的方法有平面裁剪、立体裁剪、平面立体相结合三种。平面裁剪具有使用方便、高效率、标准化的特点，立体裁剪具有直观性、造型性等特点，平面立体相结合的方式兼具两者的优点。无论是何种裁剪方法，它们的共同目的是得到理想的服装纸样，制作出合体美观、符合设计目的的服装。

第三节　纸样设计前期准备

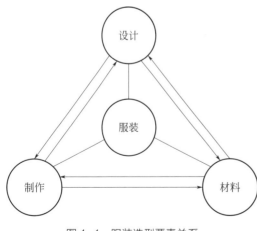

图1-1　服装造型要素关系

在从服装设计到制作成形的过程中，需要将设计、制作和材料进行有机组合，根据设计要求选择相应的材料和工艺技术，以此来确定服装造型的最终效果。纸样设计和工艺设计作为实施上述计划的技术设计部分，是实现最终结果的必要手段（图1-1）。完善的前期准备有助于制作过程的事半功倍。服装纸样制图有专业的制图标准，为保证服装结构的准确性与便捷性，首先要了解服装制图的工具。其次，纸样设计流程具有一定的规律性，掌握纸样设计流程的规律将有助于更丰富的纸样设计系列开发。

一、材料与工具的准备

中国有句古语："工欲善其事，必先利其器。"这句话的字面含义是要学习一件事情，首先要了解工具，然后再学习怎样利用这些工具去掌握相应的技能。

如何在众多的工具中选择出最适合自己的工具并了解它的使用方法呢？一个最好的方法就是向样板师和技师寻求建议。每个从业者都会以他们实际的工作经验总结出自己习惯使用的工具，如图1-2所示。

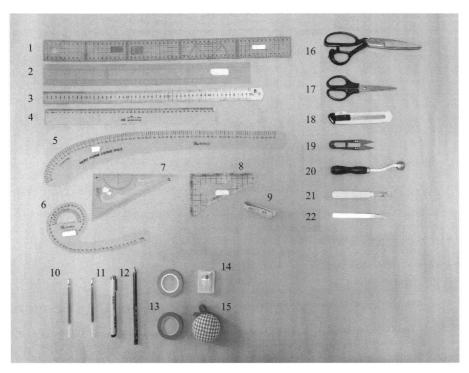

图1-2　常用制板工具

1—61cm放码尺；2—51cm放码尺；3—钢尺；4—有机玻璃直尺；5—H弯尺（大刀尺）；6—逗号曲线尺；7—直角三角板比例尺；8—直角三角板；9—皮尺；10—气消笔；11—针管笔；12—铅笔；13—标记线；14—珠针；15—针插包；16—裁剪剪刀；17—裁纸剪刀；18—美工小刀；19—纱剪；20—滚轮；21—拆线器；22—镊子

万用打板尺：这是一种集多种绘图功能于一身、采用透明塑料制成的工具，包括40cm的直尺、6cm宽的最小刻度为1cm的放码尺、90°和45°量角器，如图1-3所示。另外，在尺子的外部和内部有多种曲线可以用来绘制袖窿曲线和领口曲线。沿内部边缘还有一些平行曲线可以帮助绘制缝份。

对于初学者来说，在对万用打板尺每种工具单独使用并不熟悉的情况下用好万用打板尺并不是一件容易的事，例如它自带的弯尺和放码尺。只有掌握了每种工具单独的使用方法，才能利用好复杂的万用打板尺，使其发挥多功能的作用。

万用打板尺还有另一种更长、更便捷的版本，自带的弯尺可以绘制袖窿弧线。

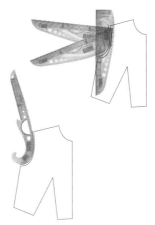

图1-3　万用打板尺

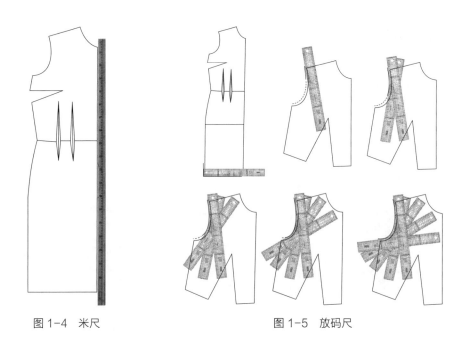

图 1-4　米尺　　　　　　　　　　　　图 1-5　放码尺

米尺：绘制直线和测量直线长度的工具，如图1-4所示，由于长度较长，所以在测量连衣裙和裤子时更为实用。在工业生产中常用来测量面料，在裁床上使用米尺可以更便捷地将布铺直。

放码尺：常用于放码制板的塑料材质工具，长度为40~70cm，一般宽度为6cm，内置1cm的刻度线，如图1-5所示。

放码尺可以用于绘制平行线，例如一个口袋的两条边，也可以将尺子上的直角坐标系作为放码的初始点用来推板。另外，可以使用放码尺在纸样上加放缝份，可以绘制直线或曲线接缝。一般来说，它比万用打板尺更精确。

直角三角板：可用来绘制90°和45°的角，例如，在绘制裤子纸样时，必须精确地画出90°。如果裤子烫迹线与臀围线和横裆线不是呈90°，那么裤腿和缝合线都会扭曲不正，如图1-6所示。

H弯尺：曲度较浅，可以用来绘制裤子或裙子的侧缝线，也可以用来绘制裙子和长大衣的底边线，如图1-7所示。

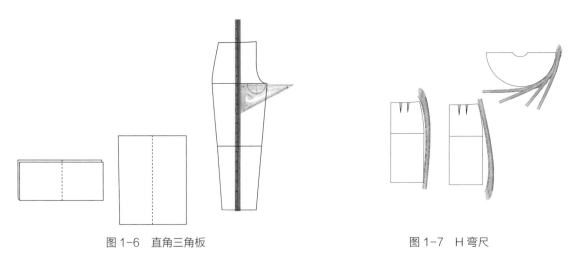

图 1-6　直角三角板　　　　　　　　　　　图 1-7　H 弯尺

D弯尺：袖窿曲线是由一条浅浅的曲线和一条曲度略大的曲线共同组成的，D弯尺可以用来绘制这两种不同的线型。浅一些的曲线常用于后袖山弧线的位置，这样可以为手臂向前活动提供一定的松量，如图1-8所示。

法式曲线板：一般是三个成一套的几何用尺。它们包含多种线型，可以绘制袖窿线和领口线，但是由于它们并不是用来绘制服装纸样的常用工具，所以并不是纸样设计所必需的，如图1-9所示。

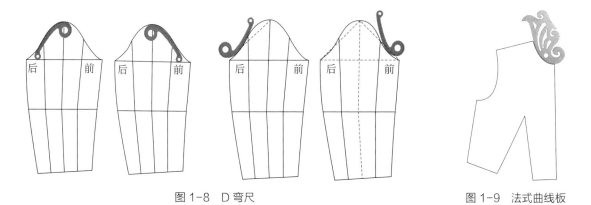

图1-8　D弯尺　　　　　　　　　　　　　　　　图1-9　法式曲线板

铅笔：铅笔和自动铅笔是绘制纸样的必备工具，2H～2B铅芯的笔均可。2H铅芯材质比较硬，可以画出颜色更轻、更尖锐和更细的线条。

橡皮：绘制纸样的常用工具，质地较软的橡皮更实用。

马克笔或圆珠笔：在工业生产中，不同的纸样类型是用四种不同颜色的笔标明的。黑色用于主要面料；蓝色用于次要面料，当服装不只用到一种面料时使用；红色用于衬布；绿色用于里布。马克笔常作为纸样设计中的记号笔，为了便于识图，建议使用中号粗度的马克笔。在制作小一点的衣片纸样时可能会需要细一些的线，这时也可以使用圆珠笔。

划粉：有多种颜色，而且根据所含蜡的比例不同可以划分为不同种类。含蜡比较多的划粉适用于不容易沾粉的面料，如合成涤纶和雪纺布。含蜡比较少的划粉适用于大部分的面料，因为易于擦除，不会留下永久的印记。

另外，还可以使用划粉器，可以重复加入可替换的特殊划粉或者加入更经济实惠的滑石粉。后者更容易擦掉，而且能够画出更细小精准的线。

胶带：传统胶带具有随着时间的变长会变硬变黄、失去黏性的缺点，并不是长时间存放纸样的理想选择。而且也不容易在上面写字。胶纸上面可以写字，但使用时间不宜过长。魔术胶带则兼具了耐用、透明的优点，且可以在上面写字。双面胶是粘贴比较重的卡纸纸样时的理想选择。

纸样挂钩：纸样挂钩可以用来悬挂一整套系列样板，有大小号之分。在工业生产中，大号挂钩由于可悬挂的纸样容量大而更常用，小号挂钩则被用来做一些小的分类（主要衣片、里布衣片等），然后一起挂到一个大挂钩上。

纸样打孔器：用于在纸样上打孔，使其能够挂在纸样挂钩上。

纸样打口钳：用于打剪口，可以制作U形或V形的剪口，打在纸样的边缘标明缝合时缝线需要对合的部位。需要注意，剪口的长度不能大于缝份的一半。

纸样钻孔器：在工业生产中，用于纸样钻孔，常见的纸样钻孔器是铁质或塑料材质的。钻头可替换，一般有4mm和6mm两种规格，用它可以在纸样上钻些小孔用来标记口袋角的位置、缝合线和明线的位置、省道的尖端、需要被修剪掉的角、纽扣和扣眼等。

锥子：有不同的长度规格，可以用来对多层面料打孔。它钻出的孔只会留下一个暂时的记号，由于锥子的尖部只是将纱线分开，所以通常对面料没有实际的损伤。

拆线器：用于挑断线迹，需要小心使用，否则会将面料拆破。

滚轮：用于将线条复制到另一张纸或卡纸上。理想的滚轮的齿牙排列密集，复制出的线条小孔之间的距离较小，不但容易连接，而且比较准确。

剪纸剪刀：用于剪普通的纸、卡纸、塑料拉锁、线绳等，一般会磨损得很快，需要定时更换。

裁剪剪刀：专门用来裁剪面料，一把好的裁剪剪刀通常比较重，裁剪剪刀长约25cm。最好的剪刀是中国制造的，另外还有德国制造或日本制造的。

刻刀、钢尺和切割垫板：在切割直线时，刻刀很好用，特别是切割卡纸时，比剪刀更快。为了能够方便排料、划样，并且在用挂钩悬挂纸样时节省空间，也可以用刻刀在卡纸纸样的前中线和后中线上做标记，易于将纸样对折。

图1-10　牛皮纸

在使用刻刀时应该选择钢尺，因为塑料尺很容易被刻刀损坏，而且刻刀也容易滑动。另外，使用切割垫板可以防止损坏桌子表面。

打板纸：是纸样设计的必备工具，有多种色彩和尺寸规格，例如白纸、卡纸、交叉点状绘图纸、牛皮纸（图1-10）。工业生产中常使用的白纸有各种宽度，为了经济和环保，很多样板师都会尽量节约用纸。一般专业绘图纸主要用硬牛皮纸或交叉点状绘图纸，但在实际应用中几乎可以使用任何类型的纸来完成纸样设计，例如回收的旧报纸就可以绘制既经济又有趣的系列纸样，如图1-11所示。

交叉点状绘图纸比白纸贵，但不是必备的。它的特点在于提供了边长2.5cm的正方形网格状参照点，可以用来估算和检查尺寸。

很多纸样都被复制到更结实耐用的卡纸或牛皮纸上，裁剪人员可以用划粉在卡纸上划样，比用珠针在布料上标出纸样形状更便捷。常用的纸样，如基本纸样，应该用最结实耐用的卡纸来制作。

卡纸按照不同克重被划分为多种类型，有多种颜色可以用来区分不同类型

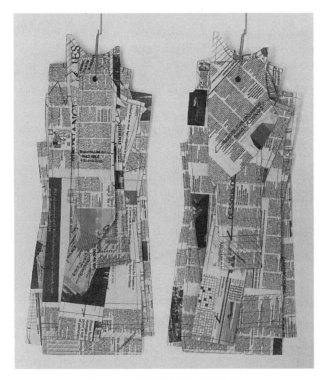

图1-11　利用回收的旧报纸打板

的纸样,如里布纸样与面料纸样选取不同的颜色进行区分。

卷尺:一种可伸缩的软尺测量工具,一般有厘米和英寸两种单位。

服装用大头针:有不同的长度、粗细,在具体使用时,要根据面料和用途来选用合适的大头针。当在比较重的面料上使用时,较长的大头针比较粗重的大头针更经常使用,因为它能够穿过比较厚的多层面料;当在雪纺面料上使用时,中号大头针比细大头针更好用,因为它可以将滑爽的多层面料固定在一起,而且也不会破坏面料稀松的组织。

在人台上工作时,应使用较长的大头针,因为需要用它穿过多层面料,包括包裹人台的面料。

在把将要在缝纫机上缝合的面料固定起来时,最好用细大头针,这样缝纫机针就不太容易因撞到大头针而崩断。而短一些的大头针则适合用在比较难缝纫的区域,如用手针工艺固定上衣里子的袖窿,因为它们不容易与缝纫线纠缠在一起。

在工业生产中只做单件服装时,如制作样衣,较长的大头针可以更稳定、更容易地将卡纸纸样与多层面料固定在一起。

二、纸样设计规律

服装最终要穿在人的身上,那么在制作服装的任何一个环节上,都要寻找到它们所依据的基本模型。这个模型不是通过某件服装制定的,因为无论是哪种服装,都是一种特殊状态,它和模型所具备的性质是不同的,模型要具有普遍性,这种普遍性只有从穿服装的人身上去寻找,而寻找的方法和系统方法是完全相同的。

◁ 1. 国际纸样设计规律

国际纸样设计规律也称为大系统设计规律,是通过人体测量得到不同类型的人体净尺寸,对净尺寸加以平均,再通过专业化和理想化的技术处理取得不同类型的标准尺寸,制造出规格齐全的人体模型,一般分为立体人台和平面基本型。这种模型是以人体测量的标准尺寸为依据的,但它不是人体的复制,而是能美化人体的理想化实体。这个理想化实体是通过实际的系统方法测算、总结完成的,符合成衣的制造要求。纸样的基本型是把理想实体变成平面的样板,基本型也可以根据标准尺寸通过计算和比例分配获得。不难理解,通过系统方法获得的标准尺寸、人台模型和基本纸样是服装结构基本模型系统的三种表现形式,即数字形式、立体形式和平面形式,如图1-12所示。

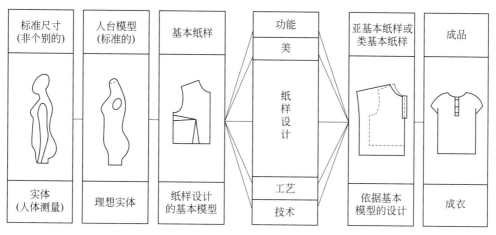

图 1-12 纸样设计基本模型系统的建立与应用

　　基本纸样作为纸样设计的基础，在理论上被现代服装教育所接受，并成为纸样教学的标志性技术（包括平面裁剪和立体裁剪）。欧美、日本等服装工业发达的国家，都创立了符合他们各自人体体型特点的基本纸样。不仅如此，就系统方法而言，他们创立了完善的基本型体系，如日本分为女装原型、男装原型和童装原型等；美国的基本型不仅在性别上加以区分，而且还划分出了年龄差别，如妇女基本型、少女基本型等；英国的基本型划分得更细，如衬衣、套装、外套、针织服装等都有各自的基本纸样。

2. 各品类服装设计规律

　　纸样基本型系统方法也渗透在纸样设计的各个独立的小环节中，称为小系统，它是包括在大系统之中的。例如身、袖、裙、裤等都有各自的基本纸样，因此也就构成了各自的小系统，把它们综合起来就是大系统。再如衬衣、套装、外套虽说都有各自的基本纸样，但也只是放松量的差别，而基本纸样的形状是相近的。这说明大系统中的基本纸样是具有普遍性的，小系统中的基本纸样是设计者灵活运用的结果，即亚基本纸样或类基本纸样。

3. 适应我国人体特点的基本纸样（女装标准基本纸样）

　　适应我国人体特点的基本纸样，本书称其为"标准基本纸样"，其"标准"含义是以系统方法为原则，将基本纸样中出现的"定寸"，最大限度地变为"比例参数"，以达到服装造型的最佳适应状态。标准基本纸样借鉴了日本文化式原型，在进行科学的修改和完善之后，形成了标准基本纸样的第二代，这是对纸样设计基本型系统的完善及应用的新探索、新实践，是适应我国人体特点的基本纸样。

　　纸样构成的基本型是有地域性的，一个地域的基本纸样可能并不适合另一个地域使用，这主要取决于各自人体生理特征的差异。尽管每个国家、地区甚至各个服装设计师在风格和对基本模型的理解上都有所不同，但是他们都恪守对基本纸样的熟练把握这一原则。例如在日本服装界就有几种不同风格的原型，如文化式、登丽美式、田中式、伊东式等。

第二章
人体构造与服装结构

服装设计服务于人体，人体在服装设计与制作中起着最为基础和重要的作用，人体测量实得数据是纸样制图的根据，掌握人体造型特征是服装设计师必须具备的专业素质。不同的性别有着不同的客观穿着功能要求和主观的艺术风格要求，为此我们需要就人体体型，特别是女性人体体型特征及男女差异，对服装结构的影响进行分析和研究。从人体的生理特征看，女性人体外形曲线明显，服装结构变化丰富。

第一节　人体基本构造及体型特征

服装依托的基础是人体，其造型离不开人体结构，所以了解人体外部组织结构的起伏变化是十分必要的。人体是服装设计师进行创作的重要依据，人体由头、躯干、四肢组成，其基本结构由骨骼和肌肉等组成。服装设计需要了解人体造型，这也使得我们必须要重视对人体构造的学习和研究。

人体分为头部、躯干、上肢和下肢四个区域，由头部、胸部、臀部、上臂、前臂、手、大腿、小腿、足部九个固定体块组成，由颈部、腰部、大转子、膝关节、踝关节、肩关节、肘关节、腕关节八个连接点将它们连接。九个体块表现为相对静态特征，设计注重形态美；八个连接点表现为相对动态特点，设计注重机能美。

一、人体区域划分

人体区域通常由人体中相对稳定的部分组成，形成大的体块。如果对人体静态进行观察，就可以清楚地划分出头部、躯干、上肢和下肢四大区域，如图2-1是人体区域的划分。各区域中又可分出主要的组成体块，例如上肢由上臂、前臂、手构成。四大体块共可分为九个固定体块，这些体块由关节或支撑点连接着，我们把连接体块的部分叫作连接点。人体体块呈现固定状态，并由连接点连接，形成依人体构造和运动规律所制约的动态体。因此，人体体块部分在纸样设计上更注重结构上的形式美感官效果，而连接点强调其结构现实美的功能效果。

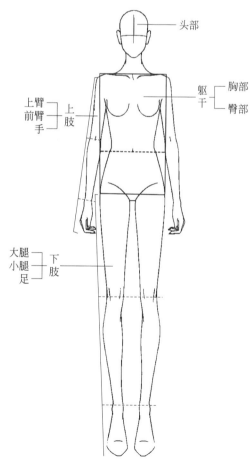

图 2-1　人体区域的划分

二、体块的连接点

连接人体九个体块的八个连接点是人体运动的枢纽，它们各自的运动特点和范围不同。图2-2 是人体各体块的连接点。

（1）颈部。颈部是头和胸部的连接点。颈部的活动范围较小，因此在进行领型设计时更要注重它的静态结构。

（2）腰部。腰部是胸部和臀部的连接点。腰部的活动范围较大，前后左右都有其一定的活动范围，特别是前屈的范围较大。因此，进行腰部的具体设计时都应做动态结构处理，如高腰的裙子、裤子等。

（3）大转子。大转子是臀部和下肢的连接点。大转子的运动幅度最大，基于运动的平衡关系，左右大转子的运动方向是相反的，特别是在前屈时，造成腿部运动范围的加倍。因此，当裤型的立裆越不合体（过深）或裙型的裙摆越小时，其结构的运动功能就越差。

（4）膝关节。膝关节是大腿和小腿的连接点。膝关节的运动方向与大转子相反，活动范围也小于大转子。膝关节对裤型以及裙型的结构影响较大，紧身裙的后开衩设计与此有关。

（5）踝关节。踝关节是小腿和足的连接点。

（6）肩关节。肩关节是胸部和上臂的连接点。肩关节的活动范围也很大，但主要是向上和向前运动，因此，在进行袖山和袖窿的结构设计时，要特别注意腋下和后身的余量，而前身基于活动余量较小和造型平整的考虑，量取尺寸与制作时要保守和严谨。

（7）肘关节。肘关节是上臂和前臂的连接点。由于前臂的活动范围是向前的，所以形成了以肘为凸点的袖子结构，特别是贴身袖的设计，都是以肘点作为基点确定肘省和袖子的分片结构。

（8）腕关节。腕关节是前臂和手的连接点。

人体的基本连接点都具有各自的运动特点和较复杂的运动机能，这就构成了制约服装运动结构的关键因素。因此，在纸样设计中，遇到连接点的地方都要加倍小心，特别是那些活动幅度较大的连接点。由于这些部位没有明显的标记，容易造成设计应用上的模糊，如腰节、臀围线、肩点、颈点等。所以，经验不足的设计者需要进一步了解人体的基本构造，在进行包含以上部位的服装设计与应用时要更慎重。

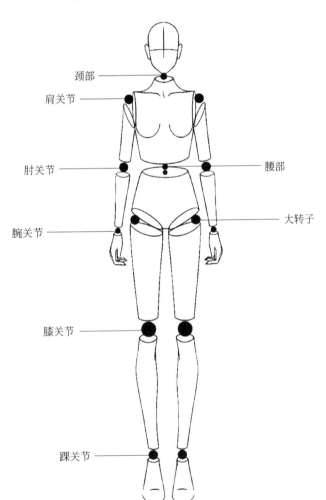

颈部
肩关节
肘关节
腰部
腕关节
大转子
膝关节
踝关节

图2-2　人体各体块的连接点

三、人体基本构造与纸样结构线关系

女性人体体型起伏变化的交界线将人体划分为几个主要的部位，从上至下分别为头部、颈部、肩部、胸部（含乳部）、背部、腰部、腹部、臀部、上肢部和下肢部。女性人体体型起伏对应的服装纸样设计中，由头部构成帽型，由颈部构成领型，由肩部、胸部、背部、腰部、腹部和臀部构成上衣，由上肢部构成袖型，由腰部、腹部、臀部和下肢部构成下装。人体基本构造与纸样解构线——对应，如图2-3是人体分割线名称。接下来我们对人体四大区域纸样结构与体表结构的对应关系进行逐一讲解，即头部服装纸样设计（含头部、颈部）、躯干部服装纸样设计（含肩部、胸部、背部、腰部、腹部、臀部）、上肢部服装纸样设计（含手臂部、腕部）、下肢部服装纸样设计（含臀部、腿部）。

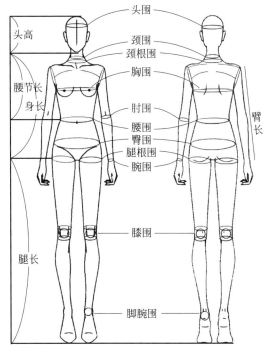

图2-3　人体分割线名称

1. 头部服装纸样设计

（1）头部。头部在服装纸样中比较特殊，头围和侧颈点起至头顶高是在连帽衫和帽子制作时才采用的数据，只在功能性很强的雨衣、羽绒服、防寒服、风衣和帽子设计中考虑，所以在进行设计时，头部构造的细节部位常被忽略，通常只考虑其形状和体积。头部的形状为蛋形，以此作为"理想实体"。

帽的纸样结构主要是由头顶、脑后和两侧组成的半圆形，呈上大下小的实体。已知帽的具体款式，要准确绘制帽的结构图，需要了解头部的相关数据，比如头围、头长等尺寸。

以女性中号体型为例：头围54cm左右；头长24cm左右；顶宽18cm左右。在这些数据的基础上，适当加放一定的放松量即可制定出帽子的成品尺寸。如图2-4为帽型纸样制图名称。

（2）颈部。当以领窝点为设计基准点进行衣片的领型设计制图时，领窝弧线向下的直线深度表示为直开领深，弧线水平宽为横开领宽。领窝弧线在肩缝合并检查时为连贯圆顺弧线（图2-5）。

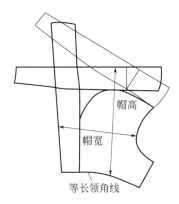

图2-4　帽型纸样制图名称

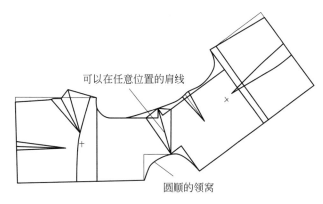

图2-5　合并肩缝并圆顺领窝

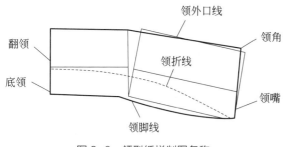

图2-6 领型纸样制图名称

领型纸样制图名称如图2-6所示。

2.躯干部服装纸样设计

躯干由胸部和臀部两大体块组成,它是人体的主干区域。胸部和臀部是以腰线划分的,由于腰节的运动使躯干形成以腰节为连接点的运动体。因此,在进行躯干部服装纸样设计时要考虑腰部的活动规律。不仅如此,由于胸部与上肢部连接着,在设计袖子纸样设计时也要注意肩关节的活动规律。如图2-7为上衣纸样制图名称。

(1)肩部。左右肩端点之间的距离构成了肩宽,在上衣纸样设计中为肩点。肩点同侧颈点的连线为肩斜线,肩斜线是前后衣片肩部的分界线。

(2)胸部。前腋点是腋下与前胸的分界点,两前腋点的距离决定前胸的宽度,两前腋点的垂直线,在衣片上称为前胸宽线。乳高点是指决定胸部围度最大的水平位置点,从乳高点围绕胸部一周为胸围线,在衣片上称为胸高点,两胸高点之间的距离为乳宽,从颈点至胸高点的距离为乳高,两组尺寸可决定胸高点的位置。乳下围是指在乳房下的围度,衣片上称为下胸围。由肩点通过前腋点至腋下是胸部同手臂分界的设定线,衣片上称为前袖窿弧线。由肩点至前腋下的垂直高度,在衣片上称为前袖窿深。

(3)背部。后腋点是指腋下与后背的分界点,两后腋点的距离决定后背的宽度,两后腋点的垂线,衣片上称为后背宽线。由肩点通过后腋点至腋下是背部同手臂分界的设定线,衣片上称为后袖窿弧线。由肩点至后腋下的垂直高度,衣片上称为后袖窿深。

(4)腰部。腰部是胸部和臀部的分界部位,腰部最细处为腰线,衣片上称为腰围线,从侧颈点通过胸高点至前腰围线的距离为前腰节长。

(5)腹部。正常体形的腹部没有明显特点,但它是较易变化的部分,腹部通常都由腰围和臀围尺寸概括。

(6)臀部。臀部最丰满的水平线是臀围线,臀部尺寸可以控制上装通过臀围线衣长的下摆线的尺寸和下装的肥瘦。

3.上肢部服装纸样设计

上肢由上臂、前臂和手组成。上臂和前臂为固定体块,中间由肘关节连接,整个上臂与前臂结构是由两个柱状相连的运动体。由于手部的结构特殊性,因此需要按照款式单独进行纸样设计。

(1)手臂部。由肩端点至手腕的距离为全臂长,袖片上称为袖长,袖长可以根据款式需要依全臂长尺寸增加或减短。袖片通常有单片袖和两片袖。手臂中,臂围尺寸是上臂最粗的地方,袖片上代表袖最肥之处,称为袖根肥线。上臂和前臂分界线为肘部,袖片为袖肘线。臂根围线至肩端点的垂直高度为袖山高。袖中线是肩点的自然下垂线,袖山部位中从袖中线向前为前袖山三角形,它包括前袖山斜线(前袖窿弧长)、前袖山弧线;袖中线向后为后袖山三角形,它包括后袖山斜线(后袖窿弧长)、后袖山弧线,整个袖山弧线和前后袖窿弧线相配合。

(2)腕部。腕部是前臂和手掌的分界最细处。袖片中的袖口位置,可随设计需要设定袖口围度。

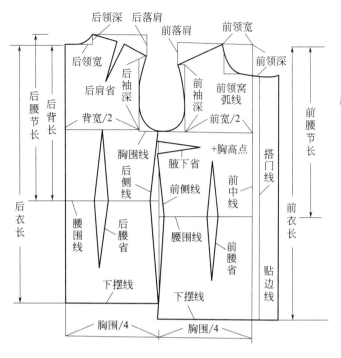
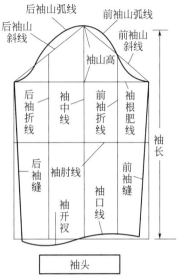

(a) 四开身分割式样

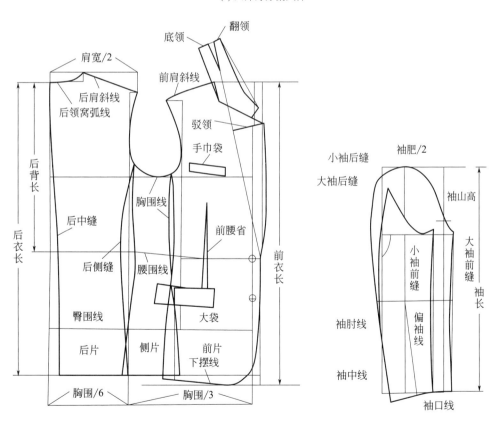

(b) 三开身分割式样

图 2-7 上衣纸样制图名称

4.下肢部服装纸样设计

下肢由大腿、小腿和足组成，中间分别由膝关节和踝关节连接。整个下肢成为上连臀部的倒锥形运动体。头部、手和足统称为人体的三个特殊体块。如图2-8为裤子结构线名称。

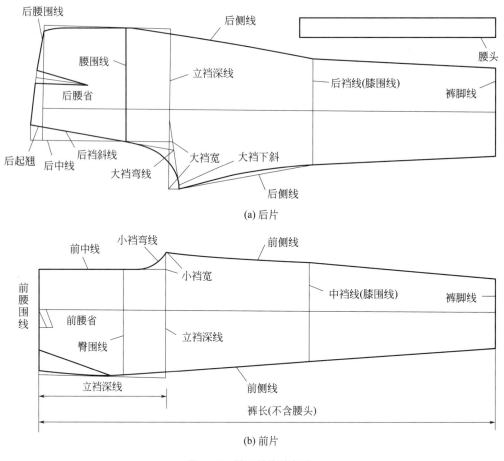

(a) 后片

(b) 前片

图2-8 裤子结构线名称

（1）臀部。臀部在躯干部中有讲解，裤片将臀部以臀围尺寸四分法破缝为四条，分别是前中线、后中线、侧缝线和股长。

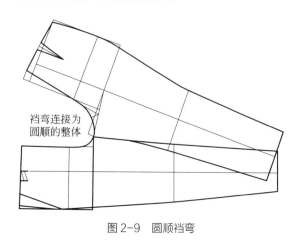

图2-9 圆顺裆弯

（2）腿部。腿部由大腿和小腿组成，其分界线为膝围线，在裤片上称为中裆线。大腿根部的围度，在裤片上称为横裆线，横裆的宽度等于前后裤片加上总裆宽；反之，测量大腿根部的围度除去半臀围可得到裆的宽度。裆的曲线合并后是圆顺的整体形状。如图2-9为圆顺裆弯。裤口随款式由净脚踝围到设计所需尺寸变化。

裙子纸样设计时，裙片由四分结构构成，同裤片。腰围线至臀围线的高度为臀高，裙子结构线如图2-10所示。

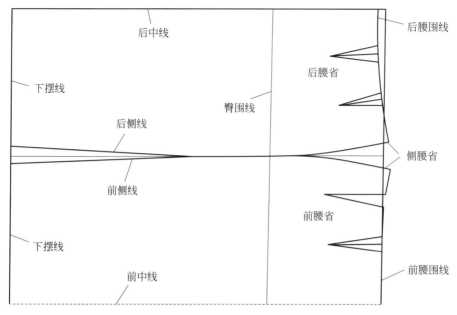

图 2-10　裙子结构线

四、体型分类指标

人体的体型可以采用不同的变量来表示，传统分类指标有以下三类。

1. 围度差分类

相同的胸围，不同的腰围（腹围或臀围），就显示出不同的体型。因此，不同围度的差值可作为区分体型的依据，许多国家都是以三围来制定标准。该方法简单易行，但分类结果不一定显著。

2. 前后腰节长的差

前后腰节长的差最能表示正常体与挺胸凸肚或有曲背的体型的差别。但这种方法对下体差别的反映误差过大，而且测量部位不易把握，因此采用也不广泛。

3. 特征指数

常用的指数有体重与身高的比（又称为丰满指数）、某种围度与身高的比、不同围度的比等，在体型分类上经常采用的有皮－弗氏指数、罗氏指数、达氏指数等。

第二节　男性与女性体型特征比较

男女体型上的差异及特征的研究对服装结构设计的准确性、合理性的把握是十分重要的。从服装纸样的技术要求上，则要研究男女体型差异的物质因素，即骨骼、肌肉、脂肪和皮肤的生理差别和形态特征。这对认识女装纸样特点和设计规律至关重要。

一、男女体型比较

男女体型差异主要表现在上体，由于生理的原因，正面观察，男性肩宽，胸廓体积大，骨盆窄而薄，整体呈上宽下窄的倒梯形；女性与此相反，肩窄，胸廓体积小，骨盆宽而厚，整体呈上窄下宽的正梯形。侧面观察，男性外形起伏不平，而整体平直呈筒形；女性胸部隆起，颈部前伸，肩胛突出，骨盆宽厚使臀大肌高耸，腰部凹陷，腹部前挺，形成优美的S形曲线。表2-1为男女体型特征比较。

表2-1 男女体型特征比较

部 位	男 性	女 性
胸部	胸廓宽阔、肌肉发达健壮、胸部比较平坦	胸廓较窄、胸部隆起
肩部	较宽、平、挺	较窄、向下倾斜
背部	较宽阔，肌肉丰厚	背部较窄，体表较圆厚
颈部	较粗，横截面略呈桃形	较细显长，横截面略呈扁圆形
腹部	扁平，侧腰较宽直	较圆厚宽大，侧腰较狭窄
腰部	过渡平缓，腰节较低	曲线过渡明显，腰节较高
胯部 （胯骨外缘部位）	骨盆高而窄，骨骼外缘较平缓	骨盆低而宽，骨骼外凸明显，体表丰满
臀部	臀肌健壮，脂肪少，后臀不及女性丰厚发达	臀肌发达，脂肪多，臀部宽大丰满且向后突出
上肢部	肌肉健壮，肩峰处肩臂分界明显，肘部宽大，腕部扁平，上肢较长	肩峰处肩臂分界不明显，腕部及手部较窄，上肢稍短
下肢部	下肢略显长，腿肌发达，膝盖较窄且呈弧状，两足并立时，大腿内侧可见缝隙	下肢小腿略短，腿肌圆厚，大小腿弧度较小，两足并立时，大腿内侧不见缝隙
总体比较	男性体型特征为肩阔而平，胯部较窄，胸廓发达，臀腰差较小，曲线过渡平缓，腰低而宽，腹平臀缓，躯干较平扁，腿比上身长，呈倒三角形。皮下脂肪少，皮下的肌肉和骨骼形状能明显地表现出来	女性体型特征为肩窄而陡，胯部较宽，胸廓不发达，臀腰差较大，显出明显的S形，腰高而窄，腰部凹陷，腹部前挺。皮下脂肪多，因而外形显得较光滑圆润，而整体特征起伏较大

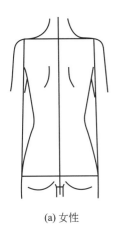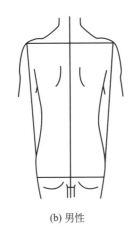

(a) 女性　　　　　　　(b) 男性

图2-11 男女后视体型的差异

二、男女骨骼差异

骨骼决定人的外部形态特征，男女骨骼有明显的差异。男性的骨骼粗壮而突出，女性则相反，由此呈现出男女体型的外部特征：男性强悍，有棱角；女性平滑柔和。这似乎与性格的差异相一致，男性性格刚毅，女性则柔媚。

另外，男性上身骨骼较发达，女性则下身骨骼较发达，形成各自的体型特征：男性一般肩较宽，胸廓体积大，而女性肩窄小，胸廓体积小；女性的骨盆宽而厚，男性的骨盆窄而薄。男女躯体线条的起伏、落差也不同，男性显得平直，女性则显出明显的S形特征，如图2-11、

图2-12所示。

三、男女肌肉及表层组织的差异

男女服装的结构特征，除了受骨骼的影响外，其造型特点主要是由肌肉和表层组织构造的差别所决定的。身体健壮的男性，肌肉发达，肌腱多形成短而突起的块状（局部变化明显），因此，男性外形显得起伏不平，而整体特征显得平直，在服装中称为筒形。女性肌肉没有男性发达，皮下脂肪也比男性多，由于它是覆盖在肌肉上的，因而外形显得较光滑圆润，而整体特征起伏较大。男性颈部竖直，胸部前倾，收腹，臀部收缩而体积小，故整体形成挺拔有力的造型。女性乳房隆起，背部稍向后倾斜，使颈部前伸，造成肩胛突出，由于骨盆宽厚使臀大肌高耸，促成后腰部凹陷，腹部前挺，故显出优美的S形曲线。

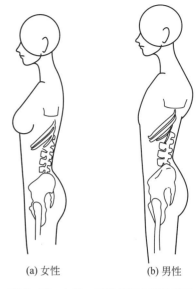

(a) 女性　　　　(b) 男性

图 2-12　女性、男性侧视体型的差异

由于男女体型的差异，男装纸样设计应善于利用材料的伸缩性，实施"归拔"的工艺设计，表现出"隐型"的结构特点；女装为适应高落差的体型变化，大量使用省、分割和打褶的设计手段表现出"显型"的结构特点。因此，可以说褶、省的变化是女装设计的灵魂。这样女装在设计上就有了大做文章的余地。例如，外形设计大起大落，省、分割、打褶的设计范围广泛，内容与形式的结合丰富多变。这与男装简洁庄重的特征形成了强烈的对比。

四、女体横截面的特征分析

女体比男体表现出明显的复杂性，而构成了女装结构设计的复杂和多变特点，因此了解女体横截面的特征，可以清楚地认识人体的三维空间关系，对服装造型结构的准确、美观、合理性把握至关重要。人体冠状面的最高点肩部和髋部分别由人体骨系的肩关节及大转子构成；侧面人体的最高点胸部和臀部，则是由人体肌系中的胸大肌和臀大肌决定的。人体横截面的分析是对人体的骨系和肌系所形成的外部特征进行综合的观察和研究，以得到人体的三维概念和方法。下面就服装结构中女性主要部位横截面加以说明，用以确定服装结构线的客观依据，如图2-13所示。

（1）颈部截面。这是以前后、颈侧点为准的截面。其形状为桃形，桃尖部是喉结，领口形状与此很相似，只是做了规整处理。

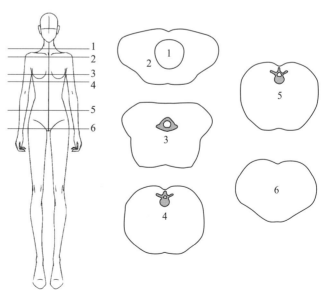

图 2-13　女性主要部位横截面

1—颈部截面；2—肩部截面；3—胸部截面；4—肋背截面；5—腹部截面；6—臀部截面

（2）肩部截面。这是以肩端连线为准的截面。可以明显观察到肩胛骨和肩峰最为突出，也可以看出此截面是人体宽度和厚度差距最大的区域。

（3）胸部截面。这是以乳点连线为准的截面。此截面结合体型正侧体可以正确判断乳点的空间位置。如果以成熟女性正常发育的状况为准，乳点远离人体中线而接近人体两侧边缘。这一点单从正面理解，往往错认为乳点更靠近人体中线，这种认识和实际相悖。同时可以看出，此截面是女体前身最丰满的部位，故此胸部截面的宽度和厚度趋于平衡，接近正方形，这是决定上装结构的关键。

（4）肋背截面。肋背截面在肋骨和背阔肌对应的连线处，位于胸围线和腰围线之间。肋背截面柱形特点最强，同时可以判断出从腰部到胸部形体变化的趋势，是确定上衣结构的主要条件。

（5）腹部截面。腹部截面在腰部以下，位于腰围线和臀围线之间。此截面是腰部到臀部的过渡，可以判断出从腰部到臀部形体变化的趋势。

（6）臀部截面。这是以大转子连线为准的截面。从此截面观察大转子点和臀大肌凸点最为明显，这就决定了大转子臀大肌与腰部的差量大于腹部与腰部的差量，这是测体时臀部余缺处理大于腹部余缺处理使用量的人体依据。另外，还可看出臀凸点与胸凸点的位置相反，即臀凸点靠近后中线，由于大转子点向外伸展，因此形成该截面的金字塔形特征。

综上如图2-13所示，形体变化的趋势变化最大的是肩部截面、胸部截面和臀部截面，变化最小的是腹部截面（椭圆形），因此上身结构虽在腰部施行，但依据是胸部和臀部凸点，如在腰部取省要根据胸凸、臀凸、大转子和腹凸的位置而定，换言之，决定服装结构线的部位在于具有明显凸点的人体截面。凸点越具有确定性，结构的设计范围就越窄，相反就越宽，因此胸凸、臀凸、大转子、肩峰和肩胛凸较为确定，结构线及省的指向就比较明确，这也是达到最佳造型的理论依据。腹部、臀部、背部相对不太确定，结构线和省的应用范围较模糊，如腹省的省尖可以在腹围线上平行排列、选择。总之，人体的截面可以很清楚地揭示出人体凸点的三维特征和位置，这对服装造型结构的准确、美观、合理性把握是至关重要的。

第三节　人体比例

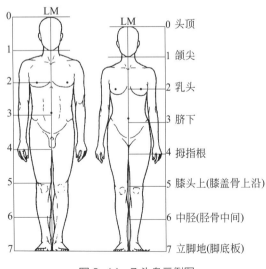

图2-14　7头身示例图

人的身材有高矮胖瘦之分，人体比例也因而异，服装纸样设计师通过不同的结构设计形式来优化人体比例，使穿着者的身材比例更为美观。因此，学习符合服装款式中人体各部分的比例，结合个人的设计创意，明确服装纸样设计中人体比例和服装纸样结构比例之间的关系尤为重要。

一、头身示数

以头高（头顶到颌尖）划分身长而得到的数值称为头身示数，头身示数是衡量人体美的一个标准。在进行服装设计的过程中以头部为标准而确定的人体比例更便于设计师理解和使用。

举例来说，7头身的分割线和身体部位的关系如图2-14所示。

二、实际比例

① 第3指长＝头高/2：第3指（中指）头端到上端面的长大致等于头高的1/2，即以眼睑线或耳上根部位置为分界线的1/2头高（图2-15）。

② 头高＝前臂长＝脚长：前臂（从肘头到手腕尺骨的长度）和脚长（从后根到脚趾的长度）大致与头高相等（图2-16）。

③ 头身示数为7时的肩峰点：肩峰位置在服装设计中具有重要的意义。分割线1到2之间，自上向下1/3的位置是肩峰。这是一个基准点，再比它低的话就成为斜肩。但也不能一概而论，因它与侧颈点高低有关。

④ 头身示数为7时的肩端点间距和上臂外侧间距：头的大小和肩宽与服装的形状和大小的均衡有着密切的关系。

以肩峰点分割线（1到2之间靠1的1/3处）和中心线的交点f（颈窝点附近）为中心，以两乳头分割线和中心线交点距离为半径画弧，与肩峰点分割线相交，在左右分别得交点AC（肩峰点）。此为女性的肩峰点宽，即相当于衣服肩宽的尺寸，此外，男性的肩宽比女性更宽（图2-17）。

如图2-18（a）为成年男性，以下颌为中心，头高为半径，分别与1分割线左右两边相交，左侧得O_1，从O_1引铅垂线得到O_2。另一侧，以相同的方式求得镜像点O_3，便得到上臂外侧间距O_2-O_3。如图2-8（b）为成人女性，以下颌为中心，头高为半径，分别与1分割线左右两边相交，左侧得O_1，由于女性比男性的肩宽窄，取点O_2为女性的肩点。从O_2引铅垂线得到O_3。另一侧，以相同的方式求得镜像点O_4，便得到上臂外侧间距O_3-O_4。

⑤ 头身示数为7时，直立、上肢左右展平的状态下，左右中指尖端之间的长度与身长等长。

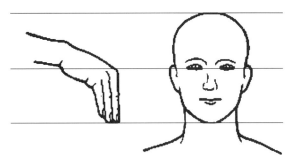

图2-15 第3指长＝头高/2

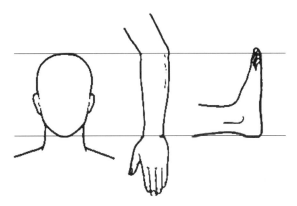

图2-16 头高＝前臂长＝脚长

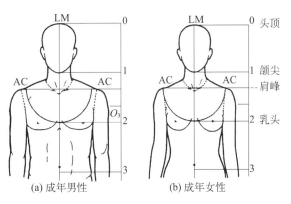

(a) 成年男性　(b) 成年女性

图2-17 头身示数为7时肩峰间距和上臂外侧间距

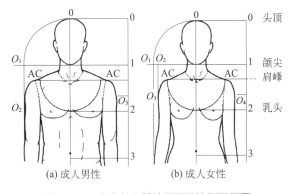

(a) 成人男性　(b) 成人女性

图2-18 头高与上臂外侧间距比例示例图

第四节　人体测量

纸样设计是一种技术性很强的工作，要求设计师必须掌握服装规格及相关参考尺寸的基础数据。因此，准确、合理地完成人体测量是纸样设计的第一步，也是一个非常重要的环节。测量必要部位的实际尺寸是为了要取得正确的量体尺寸，被量者应取自然姿势站直，着装应尽可能简单，保证量体所得尺寸为净体尺寸（图2-19）。

一、基准点与基准线

人体体表形态比较复杂，要进行规范性测量就需要在人体表面上确定一些点和线，然后将这些点和线按一定的原则固定下来作为专业通用的测量基准点和基准线。这样便于建立统一的测量方法，测量出的数据也才能有可比性，从长远看更有利于专业的规范发展。

基准点和基准线的确定是根据人体测量的需要，同时也考虑到

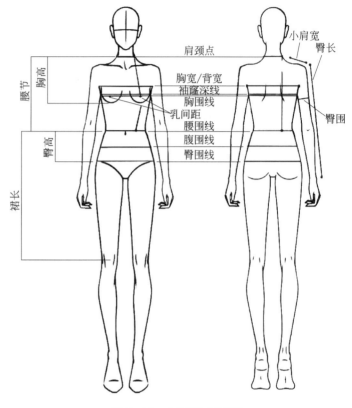

图2-19　人体测量示意图

这些点和线应具有明显性、固定性、易测性和代表性的特点。基准点和基准线无论在谁身上都是固有的，不因时间、生理的变化而改变。因此，一般多选在骨骼的端点、突起点和肌肉的沟槽等部位，如图2-20、图2-21所示。

1. 主要基准点

前颈点（FNP）：也称为颈窝点，此点位于左右锁骨连接之中点，同时也是颈根部有凹陷的前中点。

侧颈点（SNP）：此点位于颈根部侧面与肩部交接点，也是耳朵根垂直向下的点。

后颈点（BNP）：也叫颈椎点，此点位于人体第七颈椎处，当头部向前倾倒时，很容易触摸到其突出部位。

肩端点（SP）：它位于人体左右肩部的端点，是测量肩宽和袖长的基准点。

胸高点（BP）：胸部最高点，即乳头位置。它是女装结构设计中胸省处理时很重要的基准点。

前腋点：它位于人体的手臂与胸部的交界处，是测量前胸宽的基准点。

后腋点：它位于人体的手臂与背部的交界处，是测量后背宽的基准点。

袖肘点：它位于人体手臂的肘关节处，是确定袖弯线凹势的参考点。

膝盖骨中点：它位于人体的膝关节中央。

头顶点：以正确立姿站立时，头部最高点，位于人体中心线上，它是测量总体高的基准点。

茎突点：也称手根点，桡骨下端茎突最尖端之点，是测量袖长的基准点。

外踝点：脚腕外侧踝骨的突出点，是测量裤长的基准点。

肠棘点：在骨盆位置的髂前上棘处，即仰面躺下，可触摸到骨盆最突出之点，是确定中臀围线的位置。

大转子点：在大腿骨的大转子位置，在裙、裤装侧部最丰满处。

2. 主要基准线

颈围线（NL）：也就是颈根围线，是测量人体颈围长度的基准线，可通过左右侧颈点（SNP）、后颈点（BNP）、前颈点（FNP）测量得到。

胸围线（BL）：通过胸部最高点的水平围度线，是测量人体胸围大小的基准线。

腰围线（WL）：通过腰围最细处的水平线，是测量人体腰围大小的基准线。

臀围线（HL）：通过臀围最丰满处的水平线，是测量人体臀围大小的基准线。

二、人体测量部位

人体测量部位是根据测量目的来确定的，测量目的不同则测量部位也有所不同。根据服装结构设计的需要，人体测量部位如下。

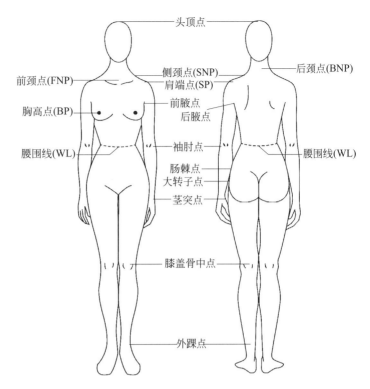

图 2-20 人体测量主要基准点

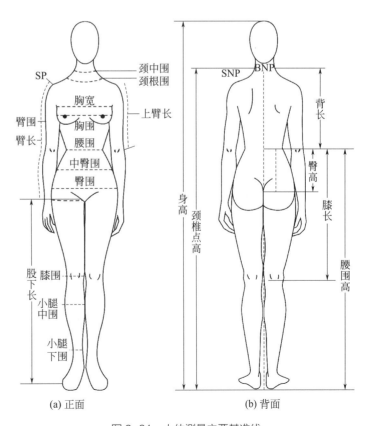

(a) 正面 (b) 背面

图 2-21 人体测量主要基准线

身高：人体站立姿态时从头顶点垂直向下量至地面的距离。

背长：从颈椎点垂直向下量至腰围中央的长度。

前腰节长：由侧颈点通过胸高点量至腰围线的距离。

颈椎点高：从颈椎点到地面的距离。

坐姿颈椎点高：人坐在椅子上，颈椎点垂直量到椅面的距离。

乳位高：由侧颈点向下量至胸高点的长度。

腰围高：从腰围线中央垂直量到地面的距离，是裤长设计的依据。

臀高：从腰围线向下量至臀部最丰满处的距离。

上裆长：从人体后腰围线量至臀沟的长度。

下裆长：从臀沟向下量至地面的距离。

臂长：从肩端点向下量至茎突点的距离。

上臂长：从肩端点向下量至袖肘点的距离。

手长：从茎突点向下量至中指指尖的长度。

膝长：从腰围线量至膝盖骨中点的长度。

胸围：过胸高点沿胸廓水平围量一周的长度。

腰围：经过腰部最细处水平围量一周的长度。

臀围：在臀部最丰满处水平围量一周的长度。

中臀围：腰围与臀围中间位置水平围量一周的长度。

头围：通过前额中央、耳上方和后枕骨，在头部水平围量一周的长度。

颈根围：通过侧颈点、前颈点、后颈点，在人体颈部围量一周的长度。

颈中围：通过喉结，在颈中部水平围量一周的长度。

乳下围：乳房下端水平围量一周的长度。

臂根围：软尺从肩端点穿过腋下围量一周的长度。

臂围：上臂最粗处水平围量一周的长度。

肘围：经过肘关节水平围量一周的长度。

腕围：经过腕关节茎突点围量一周的长度。

掌围：拇指自然向掌内弯曲，通过拇指根部围量一周的长度。

胯围：通过胯骨关节，在胯部围量一周的长度。

大腿根围：在大腿根部水平围量一周的长度。

膝围：软尺过膝盖骨中点水平围量一周的长度。

小腿中围：在小腿最丰满处水平围量一周的长度

小腿下围：踝骨上部最细处水平围量一周的长度。

肩宽：从左肩端点通过颈椎点量至右肩端点的距离。

颈幅（小肩宽）：肩端点量至侧颈点的距离。

胸宽：从前胸左腋窝点水平量至右腋窝点的距离。

乳间距：从左乳头点水平量至右乳头点的距离

背宽：从后背左腋窝点水平量至右腋窝点的距离。

第三章
服装纸样绘制符号与规格

服装纸样是传达设计意图、沟通设计与工艺制作的技术语言，是组织和指导服装生产的技术文件之一。纸样绘制符号由纸样设计符号和纸样工艺符号两个部分组成，是一种对制定标准样板，以及推板、排料、裁剪、缝制起指导作用的技术语言，主要用于服装的工业化生产。因此，纸样制图需要按照严格的规则和符号进行绘制，以便保证制图格式的统一、规范。

第一节　纸样绘制符号

按照服装产品（成衣）的国际标准要求，需要从纸样符号上对工艺加以标准化、规范化。纸样设计符号和纸样工艺符号两个部分共同组成纸样绘制符号，两者结合紧密，相互补充。服装纸样制图应按照规则，以正确的符号保证制图格式的统一、规范，同时，以一定形式的制图线正确地表达制图内容。因此，本节内容不拘泥我国服装行业的传统习惯，而强调与国际纸样绘制符号的一致。

一、纸样设计符号

制图符号是在进行工程制图时，为了使设计的工程图纸标准、规范、便于识别、避免识图差错而统一使用的标记形象。下面介绍纸样设计中常用的符号并加以说明。这些符号多是服装行业中通用的制板符号，如表3-1所示。

表3-1　纸样设计符号

序　号	符号形式	名　称	说　明
1		直角	在绘图时用来表示90°的标记
2	——————	细实线	在绘制结构图时用来表示基础线和辅助线
3	——————	粗实线	在绘制结构图时用来表示轮廓线和结构线
4		等分记号	表示线的同等距离，虚线内的直线长度相同
5	— · — · —	点画线	表示裁片连折不可裁开
6	— · · — · · —	双点画线	表示裁片的折边部位

序　号	符号形式	名　称	说　明
7	--------	虚线	表示不可视轮廓线或辅助线、明线等
8	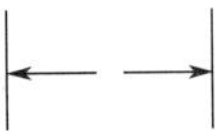 ⊢←　→⊣	距离线	表示服装某部位的长度

二、纸样工艺符号

　　国际服装业通用的纸样工艺符号有助于指导生产，提高产品档次和品质，因此具有标准化生产的权威性。是否充分掌握纸样工艺符号是衡量设计师对服装结构的造型、面料性能和生产关系的综合设计能力的标准。表3-2为纸样工艺符号。

表3-2　纸样工艺符号

序　号	符号形式	名　称	说　明
1	 ↕	经向符号	表示服装材料织纹纹路的经向
2	 ⟶	顺向符号	表示服装材料表面毛绒的顺向，箭头的指向与毛绒顺向相同
3	□	正面	服装材料的正面标记
4	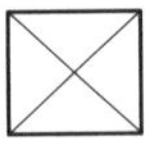 ⊠	反面	服装材料的反面标记
5	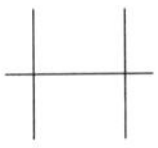 ╫	对格	服装裁片注意对准格子或其他图案的准确连接标记
6	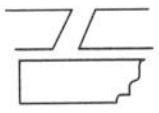 ⊐⊏	省略	省略裁片等部位的标记，多用于长度较长而结构制图安排有困难的部分
7	 ✕	否定	制图中不正确的地方用此标记
8	 ∼∼∼∼∼	缩缝	表示服装裁片的局部需要用缝线抽缩
9	 ⊢——⊣	扣眼位	表示服装裁片扣眼的定位
10	 ⋈	交叉线	在制图中表示有共用的部分

序 号	符号形式	名 称	说 明
11	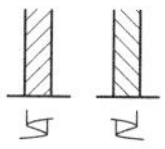	单褶	表示服装裁片需要打褶的部分，单褶又分为左单褶和右单褶
12	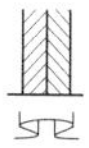	阴对褶	表示服装裁片上需要缝制阴对褶的部分
13	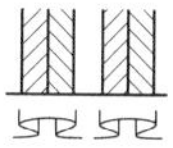	双阴对褶	表示服装裁片上需要缝制双阴对褶的部分
14	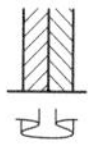	阳对褶	表示服装裁片上需要缝制阳对褶的部分
15	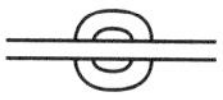	合并	表示服装纸样上或裁片上需要对准拼接的部分
16	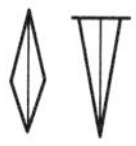	省道	表示服装裁片上需要缝制省道的位置
17	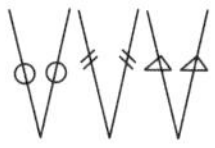	相等	服装制图中表示线的长度相同，同样符号线的长度相等
18	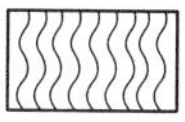	罗纹	表示服装裁片需要缝制罗纹的部位
19	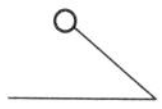	净样	表示服装裁片是净尺寸，不包括缝份
20	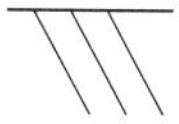	毛样	表示服装裁片是毛尺寸，包括缝份在内
21	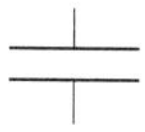	对条	表示服装裁片上需注意对准条纹的位置
22		归拢	表示服装裁片某部位需要熨烫归拢
23	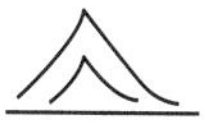	拨开	表示服装裁片某部位需要熨烫拨开
24		钻眼	表示服装裁片某部位定位的标记
25	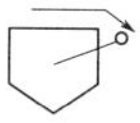	引出线	在制图过程中将图中某部位引出图外
26		明线	表示服装裁片某部位需要缉明线
27		纽位	表示服装上钉纽扣的位置

三、服装主要部位与关键尺寸英文缩写

为了便于交流，服装纸样制图中的主要部位与关键尺寸专用术语可以采用英语字母代替。主要部位与关键尺寸的英文缩写具有标准化、规模化、通用性、便于识别的主要特点，在服装工业化生产和产品设计中发挥着重要作用。服装专用术语英语字母如表3-3所列。

表3-3 服装主要部位与英文代号

中文名称	简称	英文名称	中文名称	简称	英文名称
胸围	B	Bust	头围	HS	Head Size
腰围	W	Waist	头长	HL	Head Line
臀围	H	Hip	颈围	NS	Neck Size
中臀围	MH	Middle Hip	颈点	NP	Neck Point
胸围线	BL	Bust Line	前颈点	FNP	Front of Neck Point
腰围线	WL	Waist Line	侧颈点	SNP	Side of Neck Point
臀围线	HL	Hip Line	后颈点	BHP	Back of Neck Point
中臀围线	MHL	Middle Hip Line	后领圈	BN	Back Neck
衣长	L	Length	前领圈	FN	Front Neck
背长	NWL	Neck-waist Length	领围	N	Neck
前长	FL	Front Length	领孔	NH	Neck Hole
后长	BL	Back Length	领座	CS	Collar Stand
前胸宽	FW	Front Width	领高	NR	Neck Rid
后背宽	BW	Back Width	颈长	NL	Neck Length
胸高点	BP	Bust Point	领长	CRL	Collar Point Length
乳宽	PW	Point Width	领尖宽	CPW	Collar Point Width
乳围	BT	Bust Top	肩宽	SW	Shoulder Width
裙腰	W	Waist	肩斜度	SS	Shoulder Slope
裙长	SL	Skirt Length	肩点	SP	Shoulder Point
裤腰	W	Waist	腋深	AD	Axilla Depth
裤长	TL	Trousers Length	前腋深	FD	Front Depth
裤裆	TR	Trousers Rise	后腋深	BD	Back Depth
前裆	FR	Front Rise	袖长	SL	Sleeve Length
后裆	BR	Back Rise	袖窿	AH	Arm Hole
股上	BR	Body Rise	袖山	ST	Sleeve Top
股下	IL	Inside Length	袖宽	BC	Biceps Circumference

中文名称	简 称	英文名称	中文名称	简 称	英文名称
内线长	IS	Inseam	袖口	CW	Cuff Width
外线长	OS	Outseam	肘长	EL	Elbow Length
腿围	TS	Thigh Size	肘围	AS	Arm Size
膝线	KL	Knee Line	手头围	FS	Fist Size
裤口	SB	Slacks Bottom	手掌围	PS	Palm Size

第二节 服装号型标准

一、号型

身高、胸围和腰围是人体的基本部位，也是最有代表性的部位，制作纸样时用这些部位的尺寸来推算其他部位的尺寸，则误差最小。体型分类代号能反映人体的体型特征，用这些部位及体型分类代号作为服装纸样与服装成品规格的标志，更便于服装生产和经营。为此，《服装号型》（GB/T 1335-2008）标准中确定将身高命名为"号"，人体胸围和人体腰围及体型分类代号为"型"。

"号"指人体的身高，是设计服装长度的依据。人体身高与颈椎点高、坐姿颈椎点高、腰围高和全臂长等密切相关。"型"指人体的净体胸围或腰围，是设计服装围度的依据，与臀围、颈围和总肩宽同样不可分割。

二、体型分类

根据人体的胸腰围差，即净体胸围减去净体腰围的差数，中国人体可分为四种体型，即Y、A、B、C（表3-4）。根据胸腰围差数的大小，来确定体型的分类代号，如某女子胸、腰围差在4~8cm之间，则该女子的体型就是C体型。

表3-4 中国人体四种体型分类　　　　　　　　　　　　　　　　　　单位：cm

体型分类代号	胸围与腰围差	
	女 子	男 子
Y	19 ~ 24	17 ~ 22
A	14 ~ 18	12 ~ 16
B	9 ~ 13	7 ~ 11
C	4 ~ 8	2 ~ 6

号与型分别统辖长度和围度的各大部位，体型代号Y、A、B、C则控制体型特征，因此服装号型的关键要素为身高、净胸围、净腰围和体型代号。

与成人不同的是，由于儿童身高逐渐增长，胸围、腰围等部位处于逐渐发育变化的状态，因此儿童不划分体型。

表3-5为全国各地区成年女子体型在总量中的比例。从表中可以看出，A体型和B体型较多，其次为Y体型，C体型较少，但具体到某个地区，其比例又有所不同。

表 3-5　全国各地区成年女子体型在总量中的比例　　　　　　　　　　单位：%

地　区	Y 体型	A 体型	B 体型	C 体型	不属于所列四种体型
华北、东北	15.15	47.61	32.22	4.47	0.55
中西部	17.50	46.79	30.34	4.52	0.85
长江下游	16.23	39.96	33.18	8.78	1.85
长江中游	13.93	46.48	33.89	5.17	0.53
两广、福建	9.27	38.24	40.67	10.86	0.96
云、贵、川	15.75	43.41	33.12	6.66	1.06
全国其他地区	14.82	44.13	33.72	6.45	0.88

三、中间体

根据大量实测的人体数据，通过计算求出平均值，即为中间体。它反映了中国女子成人各类体型的身高、胸围、腰围等部位的平均水平，具有一定的代表性。在设计服装规格时必须以中间体为中心，按一定分档数值，向上下、左右推档组成规格系列。但中心号型是指在人体测量的总数中占有最大比例的体型，国家设置的中间号型是针对全国范围而言，各个地区的情况会有差别。所以，对中间号型的设置应根据各地区的不同情况及产品的销售方向而定，不宜照搬，但规定的系列不能变。女子体型的中间体设置参见表3-6。

表 3-6　女子体型的中间体设置　　　　　　　　　　单位：cm

项　目	Y 体型	A 体型	B 体型	C 体型
身高	160	160	160	160
胸围	84	84	88	88

四、号型表示

号型表示方法是：号、型之间用斜线分开或横线连接，后接体型分类代号，即号/型体型组别。例如160/84A，其中160表示身高为160cm，84表示净胸围为84cm，A表示体型分类代号，即该女子的胸围与腰围差为14~18cm。

套装系列服装，上、下装必须分别标有号型标志。由于儿童不分体型，因此童装号型标志不带体型分类代号。

五、号型系列

号型系列：人体的号和型按照档差进行有规则的增减排列。

在国家标准中规定成人上装采用5·4系列（身高以5cm分档，胸围以4cm分档），成人下装采用5·4或5·2系列（身高以5cm分档，腰围以4cm或2cm分档）。

在上、下装配套时，上装可以在系列表中按需选一档胸围尺寸，下装可选用一档腰围尺寸，也可按系列表选两档或以上腰围尺寸。

国家标准在设置号型时，各体型的覆盖率即人口比例大于等于3%时就设置号型。但也存在这样的情况，有些号型比例虽小（没有达到3%），但这些小比例号型也具有一定的代表性，所以在设置号型系列时，增设了些比例虽小但具有一定实际意义的号型，使得系列表更加完整，更加切合实际。实际验证表明，经调整后的服装号型覆盖面，男子达到96.15%，女子达到94.72%，总群体覆盖面为95.44%。

六、号型的应用

在号型的实际应用中，首先要确定着装者属于哪种体型，然后看身高和净体胸围（腰围）是否和号型设置一致。如果一致则可对号入座，如有差异则采用近距离靠拢法。

考虑到服装造型和穿着的习惯，某些矮胖和瘦长体型的人，可选大一档的号或大档的型。

儿童正处于长身体阶段，特别是身高的增长速度大于胸围、腰围的增长速度，选择服装时，号可大一至两档，型可不动或大一档。对服装企业来说，在选择和应用号型系列时，应注意以下几点。

① 必须从标准规定的各系列中选用适合本地区的号型系列。

② 无论选用哪个系列，必须考虑每个号型适应本地区的人口比例和市场需求情况，相应地安排生产数量。各体型人体的比例、各体型各地区的号型覆盖率可参考国家标准，同时也应生产一定比例的两头的号型，以满足各部分人的穿着需求。

③ 标准中规定的号型不够用时，也可适当扩大号型设置范围。扩大号型范围时，应按各系列所规定的分档数和系列数进行。

七、号型的配置

对于服装企业来说，必须根据选定的中间体推出产品系列的规格表，这是对正规化生产的一种基本要求。产品规格的系列化设计，是生产技术管理的一项重要内容，产品的规格质量要通过生产技术管理来控制和保证。规格系列表中的号型基本上能满足某一体型90%以上人的需求，但在实际生产和销售中，由于投产批量小，品种不同，服装款式或穿着对象不同等客观原因，往往不能或者不必全部完成规格系列表中的规格配置，而是选用其中的一部分规格进行生产，或选择部分热销的号型安排生产。在规格设计时，可根据规格系列表结合实际情况编制出生产所需要的号型配置。具体可以有以下几种配置方式。

（1）号和型同步配置。一个号与一个型搭配组合而成的服装规格，如160/80、165/84、170/88、175/92、180/96。

（2）一号和多型配置。一个号与多个型搭配组合而成的服装规格，如170/84、170/88、170/92、170/96。

（3）多号和一型配置。多个号与一个型搭配组合而成的服装规格，如160/88、165/88、170/88、175/88。

在具体使用时，可根据地区人体体型特点或者产品特点，在服装规格系列表中选择好号和型的搭配，这对企业来说是至关重要的，因为它可以满足大部分消费者的需要，同时又可避免生产过量，产品积压。同时对一些号型比例覆盖率比较小及一些特体服装的号型，可根据情况设置少量生产，以满足不同消费者的需求。

第三节　女装纸样规格及参考尺寸

国家服装号型规格的颁布与完善，给服装规格设计特别是成衣生产的规格设计，提供了可靠的依据。但服装号型并不是现成的服装成品尺寸，它提供的是人体净体尺寸，成衣规格设计的任务就是以服装号型为依据，根据服装款式、体型等因素，加放不同的放松量来制定出服装规格，满足市场的需求，这就是贯彻服装号型标准的最终目的。

在工业纸样设计中，获得服装规格和齐全的参考尺寸是至关重要的，它不仅对纸样设计是不可缺少的，而且对纸样推档（推出不同号型的系列样板）、品质检验和管理都是很重要的。作为女装规格和参考尺寸不同的国家和地区，其名称和使用方法都有所不同。但服装国际标准和规则的原则框架是一致的。日本的服装标准模式很值得我们借鉴。日本标准机构每年都要修订一次日本工业标准（JIS），而且是采用最先进、最科学的测试手段和方法，因此，日本工业标准在日本各行业中都具有权威性。日本服装行业根据每年修订的工业标准来完善服装成衣规格和参考尺寸。

中国的民族习惯和人体形体特征与日本十分相似，因此在中国测量手段和方法还不十分完备的情况下，以日本的工业规格和标准尺寸作为补充和参考是很有必要和成效的。

一、中国女装规格及参考尺寸

中国最新女装号型标准《服装号型　女子》（GB/T 1335.2—2008）基本上可以和国际标准接轨。首先，号型的定义表明，服装规格不是对某个具体产品做出限定，而是任何服装在设计、生产和选购时都要以此为依据，并以国际通用的净尺寸表示。前面讲解过，号指人体的身高，表示服装长度的参数；型指人体的胸围或腰围，表示服装围度的参数。为了操作和计算的方便，新号型标准去除了5·3系列，使其更加规整。

综合号、型和体型分类数据就会得到不同规格的全部信息。上装和下装规格以胸围和腰围的数值加以区别，如上装84A型表明该上装胸围和胸腰差的数值；下装68A型说明腰围和胸腰差的数值。

规格以号型系列表示。号型系列各数值均以中间体型为中心向两边依次递增或递减。身高系列以5cm分档，共分七档，即145cm、150cm、155cm、160cm、165cm、170cm、175cm。胸围和腰围分别是以4cm和2cm分档，组成型系列。身高与胸围、腰围搭配分别组成5·4和5·2基本号型系列，GB/T 1335.2—2008推出四个系列规格。

表3-7是$\frac{5\cdot4}{5\cdot2}$Y号型系列，其中5表示身高每档之差是5cm，4表示胸围分档之差是4cm，2表示腰围分档之差是2cm。表3-8~表3-10分别为A、B、C号型系列，均按照上述表述理解。

表3-7　女装 $\frac{5\cdot4}{5\cdot2}$ Y号型系列　　　　　　单位：cm

身高 腰围 胸围		145		150		155		160		165		170	175
72		50	52	50	52	50	52	50	52				
76		54	56	54	56	54	56	54	56	54	56		

续　表

身高 腰围 胸围	145		150		155		160		165		170		175	
80	58	60	58	60	58	60	58	60	58	60	58	60		
84	62	64	62	64	62	64	62	64	62	64	62	64	62	64
88	66	68	66	68	66	68	66	68	66	68	66	68	66	68
92			70	72	70	72	70	72	70	72	70	72	70	72
96					74	76	74	76	74	76	74	76	74	76

表3-8　女装 $\frac{5 \cdot 4}{5 \cdot 2}$ A 号型系列　　　　单位：cm

身高 腰围 胸围	145			150			155			160			165			170			175		
72				54	56	58	54	56	58	54	56	58									
76	58	60	62	58	60	62	58	60	62	58	60	62	58	60	62						
80	62	64	66	62	64	66	62	64	66	62	64	66	62	66	66	62	64	66			
84	66	78	70	66	68	70	66	68	70	66	68	70	66	70	70	66	68	70	66	68	70
88	70	72	74	70	72	74	70	72	74	70	72	74	70	72	74	70	72	74	70	72	74
92				74	76	78	74	76	78	74	76	78	74	76	78	74	76	78	74	76	78
96							78	80	82	78	80	82	78	80	82	78	80	82	78	80	82

表3-9　女装 $\frac{5 \cdot 4}{5 \cdot 2}$ B 号型系列　　　　单位：cm

身高 腰围 胸围	145		150		155		160		165		170		175	
68			56	58	56	58	56	58						
72	60	62	60	62	60	62	60	62	60	62				
76	64	66	64	66	64	66	64	66	64	66				

胸围＼身高／腰围	145		150		155		160		165		170		175	
80	68	70	68	70	68	70	68	70	68	70	68	70		
84	72	74	72	74	72	74	72	74	72	74	72	74	72	74
88	76	78	76	78	76	78	76	78	76	78	76	78	76	78
92	80	82	80	82	80	82	80	82	80	82	80	82	80	82
96			84	86	84	86	84	86	84	86	84	86	84	86
100					88	90	88	90	88	90	88	90	88	90
104							92	94	92	94	92	94	92	94

表 3-10　女装 $\dfrac{5\cdot4}{5\cdot2}$ C 号型系列　　　　　　　　　　单位：cm

胸围＼身高／腰围	145		150		155		160		165		170		175	
68	60	62	60	62	60	62								
72	64	66	64	66	64	66	64	66						
76	68	70	68	70	68	70	68	70						
76	72	74	72	74	72	74	72	74	72	74				
80	76	78	76	78	76	78	76	78	76	78	76	78		
84	80	82	80	82	80	82	80	82	80	82	80	82		
88	84	86	84	86	84	86	84	86	84	86	84	86	84	86
92			88	90	88	90	88	90	88	90	88	90	88	90
96			92	94	92	94	92	94	92	94	92	94	92	94
100					96	98	96	98	96	98	96	98	96	98
104							100	102	100	102	100	102	100	102

　　配合表 3-7~ 表 3-10 四个号型系列，制定了"女装号型系列分档数值"，以此作为样板进行推档（以中号为基础推出大、小号的系列样板），如表 3-11~ 表 3-14 所示，表中"采用数"一栏中的数值是推档采用的数据。

表3-11　女装 Y 号型各系列分档数值　　　　　　　　　　　　　单位：cm

部　位	中间体		5·4系列		5·2系列		身高、胸围、腰围每增减1cm	
	计算数	采用数	计算数	采用数	计算数	采用数	计算数	采用数
身高	160	160	5	5	5	5	1	1
颈椎点高	136.2	136.0	4.46	4.00			0.89	0.80
坐姿颈椎点高	62.6	62.5	1.66	2.00			0.33	0.40
全臂长	50.4	50.5	1.66	1.50			0.33	0.30
腰围高	98.2	98.0	3.34	3.00	3.34	3.00	0.67	0.60
胸围	84	84	4	4			1	1
颈围	33.4	33.4	0.73	0.80			0.18	0.20
总肩宽	39.9	40.0	0.70	1.00			0.18	0.25
腰围	63.6	64.0	4	4	2	2	1	1
臀围	89.2	90.0	3.12	3.60	1.56	1.80	0.78	0.90

表3-12　女装 A 号型各系列分档数值　　　　　　　　　　　　　单位：cm

部　位	中间体		5·4系列		5·2系列		身高、胸围、腰围每增减1cm	
	计算数	采用数	计算数	采用数	计算数	采用数	计算数	采用数
身高	160	160	5	5	5	5	1	1
颈椎点高	136.0	136.0	4.53	4.00			0.91	0.80
坐姿颈椎点高	62.6	62.5	1.65	2.00			0.33	0.40
全臂长	50.4	50.5	1.70	1.50			0.34	0.30
腰围高	98.1	98.0	3.37	3.00	3.37	3.00	0.68	0.60
胸围	84	84	4	4			1	1
颈围	33.7	33.6	0.78	0.80			0.20	0.20
总肩宽	39.9	39.4	0.64	1.00			0.16	0.25
腰围	68.2	68	4	4	2	2	1	1
臀围	90.9	90.0	3.18	3.60	1.60	1.80	0.80	0.90

表 3-13　女装 B 号型各系列分档数值　　　　　　　　　　单位：cm

部　位	中间体		5·4 系列		5·2 系列		身高、胸围、腰围 每增减 1cm	
	计算数	采用数	计算数	采用数	计算数	采用数	计算数	采用数
身高	160	160	5	5	5	5	1	1
颈椎 点高	136.3	136.5	4.57	4.00			0.92	0.80
坐姿颈 椎点高	63.2	63.0	1.81	2.00			0.36	0.40
全臂长	50.5	50.5	1.68	1.50			0.34	0.30
腰围高	98.0	98.0	3.34	3.00	3.30	3.00	0.67	0.60
胸围	88	88	4	4			1	1
颈围	34.7	34.6	0.81	0.80			0.20	0.20
总肩宽	40.3	39.8	0.69	1.00			0.17	0.25
腰围	76.6	78.0	4	4	2	2	1	1
臀围	94.8	96.0	3.27	3.20	1.64	1.60	0.82	0.80

表 3-14　女装 C 号型各系列分档数值　　　　　　　　　　单位：cm

部　位	中间体		5·4 系列		5·2 系列		身高、胸围、腰围 每增减 1cm	
	计算数	采用数	计算数	采用数	计算数	采用数	计算数	采用数
身高	160	160	5	5	5	5	1	1
颈椎 点高	136.5	136.5	4.48	4.00			0.90	0.80
坐姿 颈椎点高	62.7	62.5	1.80	2.00			0.35	0.40
全臂长	50.5	50.5	1.60	1.50			0.32	0.30
腰围高	98.2	98.0	3.27	3.00	3.27	3.00	0.65	0.60
胸围	88	88	4	4			1	1
颈围	34.9	34.8	0.75	0.80			0.19	0.20
总肩宽	40.5	39.2	0.69	1.00			0.17	0.25
腰围	81.9	82	4	4	2	2	1	1
臀围	96.0	96.0	3.33	3.20	1.66	1.60	0.83	0.80

二、日本女装规格及参考尺寸

日本女装规格是参照日本工业标准制定的，它的特点是以标准人体测量的内限尺寸为基础，在女装规格中分普通、特殊和少女三种规格（表3-15）。

表3-15　日本女装规格　　　　　　　　　　　　　　　　单位：cm

类　别	普通规格							特殊规格					少女规格		
胸围	77	80	83	86	89	92	95	92	95	98	101	105	80	82	84
腰围	56	58	60	63	66	69	72	74	76	78	80	83	60	60	60
衣长 （灵活范围）	91~95	94~98	94~98	97~101	97~101	99~103	99~103	102	103	105	105	105	93	97	100
臀围	85	87	89	91	94	97	100								
背长（灵活范围）	35~36	36~38	36~38	37~39	37~39	37~39	37~39								
袖长 （灵活范围）	49~51	50~52	51~53	52~54	52~54	52~54	52~54								
裙长 （灵活范围）	56~58	58~60	58~60	60~62	60~62	62~64	62~64								

然而，日本众多的服装企业和部门为了树立各自的形象和风格，都不愿束缚在统一的规格中。日本女装规格为日本女装纸样设计提供了最基本的参考依据。在此基础上，有权威的服装集团和个人创立了各具特色的女装标准尺寸系列，最典型的是文化式和登丽美式（表3-16、表3-17）。文化式的规格以S、M、ML、L、LL表示小、中、中大、大、特大的系列号型，这种规格系统同国际成衣标准相吻合。登丽美式规格只用大、中、小表示。另外一个特点从表3-17中可以发现。文化式的三围比例的差数小，而登丽美式差数较大。这说明文化式适合于大众化的标准。首先是规格较全，其次是尺寸比例接近实体。而登丽美式发挥了个性表现的优势，规格尺寸的比例更理想化些。可见利用规格本身也有个性发挥的余地，这对设计师来说，在尺寸设计上更具有启发性。

表3-16　日本女装不同规格参考尺寸（旧文化式）　　　　　　单位:cm

类　别	S	M	ML	L	LL
胸围	76	82	88	94	100
腰围	58	62	66	72	80
臀围	84	88	94	98	102
颈根围	36	37	39	39	41
头围	55	56	57	57	57
上臂围	24	26	28	28	30
腕围	15	16	16	17	17

续　表

类　别	S	M	ML	L	LL
掌围	19	20	20	21	21
背长	36	37	38	39	40
腰长	17	18	18	20	20
袖长	50	52	53	54	55
全肩宽	38	39	40	40	40
背宽	34	35	36	37	38
胸宽	32	34	35	37	38
股上长	25	26	27	28	29
裤长	88	93	95	98	99
身长	150	155	158	160	162

表3-17　日本最新女装规格参考尺寸　　　　　　　　　　单位：cm

类　别	新文化式					登丽美式		
	S	M	ML	L	LL	小	中	大
胸围	78	82	88	94	100	80	82	86
腰围	62～64	66～68	70～72	76～78	80～82	58	60	64
臀围	88	90	94	98	102	88	90	94
中腰围	84	86	90	96	100			
颈根围						35	36.5	38
头围	54	56	57	58	58			
上臂围						26	28	30
腕围	15	16	17	18	18	15	16	17
掌围						19	20	21
背长	37	38	39	40	41	36	37	38
腰长	18	20	21	21	21		20	
袖长	48	52	53	54	55	51	53	56
全肩宽								
背宽						33	34	35
胸宽						32	33	34

续　表

类　别	新文化式					登丽美式		
	S	M	ML	L	LL	小	中	大
股上长	25	26	27	28	29	24	27	29
裤长	85	91	95	96	99			
身长	148	154	158	160	162			

三、英国女装规格及参考尺寸

英国女装规格是由英国标准研究所提供的，和日本的文化式女装规格相似。它的规格等级更全，多采用数字表示。另外，规格号所对应的关键尺寸更灵活。以外套规格12号为例，胸围是86~90cm，这说明这个规格适用于胸围在86 ~ 90cm之间的任何一种人，这样的规格设置更好地定位了选购该规格服装的消费者人群（见表3-18）。

表3-18　英国女外套规格参考尺寸　　　　　　　　　　　　　　　　单位：cm

类别	规　格												
	8号	10号	12号	14号	16号	18号	20号	22号	24号	26号	28号	30号	32号
胸围	78~82	82~86	86~90	90~94	95~99	100~104	105~109	110~114	115~119	120~124	125~129	130~134	135~139
臀围	83~87	87~91	91~95	95~99	100~104	105~109	110~114	115~119	120~124	125~129	130~134	135~139	140~144

注：外套规格并非指外套成品的尺寸，而是指人的实际尺寸（净尺寸），一切活动量、设计尺寸都由设计者完成。腰围的尺寸在外套设计中意义很小，故不记在表中。

英国女装规格除了表示围度的等级和浮动范围外，它还对身高的等级做了概括的划分。身高不超过160cm的妇女，在规格号后面标"S"；身高超过170cm的妇女，在规格号后面标"T"；一般身高的则不做任何标记。以外套规格为例，在英国，常用的传统女装规格是12号、14号及16号三种。因此，英国标准研究所建议把这三个规格加以规范，即用16号作为适合服装厂生产的中等规格，其臀围是100~104cm，胸围是95~99cm，取尺寸的平均值，就得出这样一个中等规格表：胸围等于97cm，臀围等于102cm，其身长是165cm。如果在规格16号的后面加上"S"，这就使规格表中的身高降为160cm以下；加上"T"身高就上升为170cm以上。根据中等规格尺寸，上下分别推出等级系列，就完成了作为任何一种服装纸样设计的参考尺寸（表3-19）。这个女装系列规格表属英国标准尺寸亦符合欧洲标准，更确切地说它更适合体型发育成熟的欧洲妇女。

表3-19　英国女装参考尺寸　　　　　　　　　　　　　　　　　　　单位：cm

类　别	规格											
胸围	80	84	88	92	97	102	107	112	117	122	127	132
腰围	60	64	68	72	77	82	87	92	97	102	107	112
臀围	85	89	93	97	102	107	112	117	122	127	132	137

类 别	规格											
颈根围	35	36	37	38	39.2	40.4	41.6	42.8	44	45.2	46.4	47.6
颈宽	6.75	7	7.25	7.5	7.8	8.1	8.4	8.7	9	9.3	9.6	9.9
上臂围	26	27.2	28.4	29.6	31	32.8	34.4	36	37.8	39.6	41.4	43,2
腕围	15	15.5	16	16.5	17	17.5	18	18.5	19	19.5	20	20.5
背长	39	39.5	40	40.5	41	41.5	42	42.5	43	43.2	43.4	43.6
前身长	39	39.5	40	40.5	41,3	42.1	42.9	43.7	44.5	45	45.5	46
袖窿深	20	20.5	21	21.5	22	22.5	23	23.5	24.2	24.9	25.6	26.3
背宽	32.4	33.4	34.4	35.4	36.6	37.8	39	40.2	41.4	42.6	43.8	45
脚宽	30	31.2	32.4	33.6	35	36.5	38	39.5	41	42.5	44	45.5
肩宽（半斜肩）	11.75	12	12.25	12.5	12.8	13.1	13.4	13.7	14	14.3	14.6	14.9
全省量（乳凸）	5.8	6.4	7	7.6	8.2	8.8	9.4	10	10.6	11.2	11.8	12.4
袖长	57.2	57.8	58,4	59	59.5	60	60.5	61	61.2	61.4	61.6	61.8
股上长	26.6	27.3	28	28.7	29.4	30.1	30.8	31.5	32.5	33.5	34.5	35.5
腰长	20	20.3	20.6	20.9	21.2	21.5	21.8	22.1	22.3	22.5	22.7	22.9
裙长	57.5	58	58.5	59	59.5	60	60.5	61	61.25	61.S	61.75	62

四、美国女装规格及参考尺寸

美国的女装规格与英国的女装规格基本相同，不同的是美国女装规格的系列化、规范化及标准化更强一些。它主要分为四种规格系列：一是女青年规格系列，它适于年轻、苗条的体型，介于少女和发育成熟的妇女体型之间；二是成熟女青年规格，这个规格实际上属女青年中较丰满而身高较矮的体型；三是妇女规格，准确地说这种规格是中年妇女的体型标准，因此各部分尺寸都比较大，三围比例较明显；四是少女规格，它与女青年规格相比属小比例，适合于年轻、矮小、肩较窄，但胸部较高、腰较细、发育良好的女性。

另外，美国女装规格表中的三围尺寸包括基本放松量，故称"基本尺寸"，其中放松量是指保证身体活动用量的最小值。因此，该尺寸可以理解为制作基本纸样的尺寸。胸围的基本尺寸为净胸围加6.4cm放松量，腰围的基本尺寸是净腰围加2.5cm，胸腰的两个基本尺寸之差就是基本纸样胸腰省量。臀围的基本尺寸是净臀围加上5.1cm。根据这种尺寸特点，在制作基本纸样时，无须考虑三围的基本放松量。

总之，无论是中国、日本、英国还是美国的女装规格和标准尺寸，不管采用什么形式和方法，其基本原则是一致的，即规格表不对单一成品做任何尺寸规定。国际成衣标准规格也正是依据这一基本要求制定的，因此，上述的规格表和参考尺寸对任何一个服装设计者都适用。同时，与国际成衣标准规格配合使用，就可设计出国际范围流通的成衣制品，作为纸样设计，重要的是要正确运用上述尺寸表中的关键尺寸制作出基本纸样。

第四章
女装基本纸样

女装基本纸样被称为女装的"基本型"，是系列女装纸样设计的基础。本章所采用的标准女装基本纸样是刘瑞璞教授整理得出的全新纸样设计原理及方法的基础，在借鉴日本文化式原型的同时，依据我国人体体型和服装产品的实际要求不断修改、完善。

第一节　女装基本纸样的相关概念

在介绍基本纸样之前，我们先学习一些相关的基本理论。基本纸样是开发系列纸样绘制的关键，无论女装设计怎样变化多端，女装系列纸样设计方法都可以遵循女装基本纸样设计的固有规律。虽然不同的设计师获得基本纸样的方法不尽相同，但是这一规律已被大量的实践证实是具有科学性与实用性的。

一、女装基本纸样的特点

正如香奈儿品牌女装的经典语录"la mode se démode, le style jamais"—（流行稍纵即逝，而风格永存），女装具有款式多变的特征，对于具有创意的女装来说，常需要通过立体剪裁的方式获得非传统结构的女装纸样，因为女装不同于男装，变化性和时新性是它的特点。因此，设计师必须善于总结经验并且合理运用基本型设计得出平面纸样，这种方法有助于提高女装设计的效率。女装基本纸样介于人体与服装之间，能够反映人体的体型特征，是服装创意设计的原点。虽然市场上已经有很多不同种类的基本纸样供设计师、打板师选择并进行再设计，但是基于基本纸样变化发展而诞生的创新纸样设计依然层出不穷。

二、基本纸样的概念

女装基本纸样是女装设计的理论基础和技术依据，具有科学性与规范性。基本纸样是根据标准尺寸或特定人体的尺寸，绘制而成的符合人体基本生理特征和活动机能的标准纸样。女装基本纸样是女装系列纸样开发设计的变化原理，是服装设计师把握和设计服装造型的基本途径和手段，纸样设计师在此基础上设计出各种服装板型。

女装纸样设计方法是在基本纸样和设计纸样的关系中总结出的，也就是说，要完成一套纸样设计必须先确立其基本纸样在系统纸样中的基础地位和结构规律，实现从基本纸样、亚基本纸样、类基本纸样到一个具体纸样系列设计完成的技术过程，实现从一般到个别的系统分类与总结。从纸样设计规律的角度对纸样获得手法进行分析，一般有两种方法，一种是平面方法，另一种是立体方法。基于这两种方法延伸出得第三种方法，即平面与立体相结合的方法。

三、基本纸样的意义

女装基本纸样是经过一系列实践操作和数字化的计算、修正得出的，具有很强的理论性。纸样设计师需要在继承前人研究成果的前提下，将系统性、理论性和指导性作为纸样设计研究的重点，以创新性、科学性、实践性和系列化为目的，制作出适于进行款式变化的女装系列基本纸样。在此基础上，将纸样制作、变化、设计的方法进行归类、分析、整理，分析其创意结构及平面展开图的关系。最后，得出女装的系列化纸样设计。建构出适于进行女装创意设计的基本纸样系列和设计方法，能够最大限度地降低平面制板过程中进行创造性设计的难度，增加平面制板的灵活性和创新性。

第二节　女装基本纸样采得的三种方法

女装纸样设计的方法一般分为平面方法、立体方法（也称为"立体裁剪"）和平面与立体相结合的方法。纸样设计师在进行基本纸样采得时通常会按照服装款式的特性而采用不同的设计方法。掌握三种方法的特性并因地制宜地进行灵活运用，将有助于进行女装系列纸样的后续开发。

一、平面方法

平面方法在三种设计方法中最便捷，同时兼具科学性与实用性，是目前我国服装设计中最常用的方法，在服装工业较发达的国家和地区也是以此方法作为纸样设计的主流，所以本书着重介绍的是平面方法。平面方法是在测量得到人体数据的基础上，将纸样图画在一张打板纸上。为了得到较高的准确性，首先，需要设计师掌握丰富的纸样设计经验；其次，要根据纸样快速且精确地试制坯布样衣。

平面纸样是服装工业化的产物，具有效率高、使用方便的优点，但是仅仅运用平面方法进行女装的创意设计有很大的难度，如果没有丰富的制衣经验或者没有对面料进行实际的操作，则很难制作出理想的女装样板。平面方法需要设计师充分了解人体的体型构造，具有丰富的制衣经验，能够读懂抽象的衣片平面展开图，具备由三维服装立体形态向二维服装平面展开图转化的思维技巧，这是一个理性思考的过程，与立体方法（立体剪裁）感性的塑造手段截然不同。

二、立体方法

立体方法需要设计师在人台上直接进行操作，即立体裁剪，将布片直接包裹在人台外，运用珠针或胶带来固定面料，从而得到所设计的款式。这种方法不需要事先在打板纸上利用数据画出造型。因此，纸样设计师需要通过将立体裁剪得到的布片从人台上取下、放平，然后将其形状复制到纸上，从而得到立体方法的最终纸样。

立体方法通常是在立体裁剪专用的中号规格人台上，用立体裁剪技术获得基本纸样。纸样设计虽然是在平面上进行的，但是，设计师要以三维空间的思维去解释平面，这样才能使平面纸样还原到立体的人身上时反映出真实的效果。因此，基本纸样能从立体的人或代替人的模型上直接获得，是效果最好的，同时也避免了立体到平面、平面到立体过程中的误差。从品质要求看，这种方法可以使设计提高到最佳状态，很符合时装的高级定制业务。在服装业高度发达的国家，高级设计师几乎全部的设计过程都通过立体方法完成。

然而，立体方法也有它的局限性。首先，在技术上增加了难度，这主要表现在放松度难以估计、手法难以掌握上。这个问题可以采用大一号的人体模型解决，但解决不了不该增加的尺寸，如领口。因此，这种方法必须通过大量的实践过程获取经验。其次，设计的成本很高，立体方法采得基本纸样的人台模型必须是模拟真人（表皮）的专用人台，否则就毫无意义，而国内还没有达到这种要求的人台，进口又很贵。另外，立体裁剪必须用一种代用布料进行操作，然后复制成纸样才能使用。最后，立体的方法还没有形成一整套从人台到制板的规范技术，单独使用立体方法不适合成衣化生产。

三、平面与立体结合的方法

平面与立体相结合的方法是将平面纸样设计与立体裁剪两种方法综合运用，具有高效、全面的特征。从技术上来说，平面方法和立体方法可以相互转换，且两者相互支持。例如，利用平面方法得到的纸样需要制作坯布样衣来检验其在人体或人台上的穿着合体度，这样就要求技术人员必须具备相关造型知识。例如，掌握面料悬垂于人体上时，由于不同布料特性而产生的不同造型特征的相关知识。如果是通过立体裁剪的方法得到纸样，也要了解平面纸样的设计原理，这样才能制作完成一系列专业且合理的纸样，用以存放、留档或者大批量生产。

平面与立体相结合的方法，即兼用立体平面打板与立体裁剪方法，起到了两者优势互补的作用。除了胸部和臀部外（躯干部分），设计师还需要自制、安装立体裁剪的人台的部分模型，例如与真人相似的上肢与下肢。此外，仅仅依靠立体裁剪的方法完成合理且美观的裤片样板也是具有难度的。因此，平面与立体相结合的方法可以有效地解决这个问题，比如上身前后片和裙子前后片的基本纸样可以使用立体方法，袖子和裤子的基本纸样可以使用平面方法绘制完成。

第三节　标准女装基本纸样

标准女装基本纸样多采用比例推算的方法，很少运用测量尺寸和定寸，相较于传统基本纸样而言，其标准化程度、实效性和可操作性都有了进一步提高。既可以最大限度地降低测量的误差和定寸的非适应性；又有效地弥补了常人的个体缺陷，提高了基本纸样的可靠性和理想化程度，这就是"标准"的意义所在。另外，还有根据风格和所依据的人体对象的不同而定义的风格化或地域化的基本纸样。所谓风格不同是指基本纸样所表现的侧重点各异；所谓依据人体对象不同，主要是考虑基本纸样都是以本地区和本国人的体型特征为基础进行设计的。

标准基本纸样制图是根据关键尺寸进行比例推算得出的，因此，只采用几个关键尺寸就能完成衣身基本纸样。

一、衣身基本纸样制作的必要尺寸

标准衣身基本纸样的必要尺寸只需要胸围和背长即可。另外，此基本纸样主要适用于我国及亚洲其他地区。因此，尺寸必须使用我国或亚洲其他国家的。由于日本在这方面先进于其他国家，也最符合国际标准，所以以日本的规格为代表。如果在设计之前顾客能提供较详细的规格和参考尺寸，则不能做其他选择，但这种尺寸必须是内限尺寸（即净尺寸）。

目前，我国服装规格标准虽已和国际标准接轨，但仍有不完善之处，如背长普遍没有收录在标准中，故参考日本新文化式 M 号规格，胸围82cm，背长38cm。

二、衣身基本纸样制作图解

1. 标准衣身基本纸样基础线

标准衣身基本纸样基础线如图4-1所示。

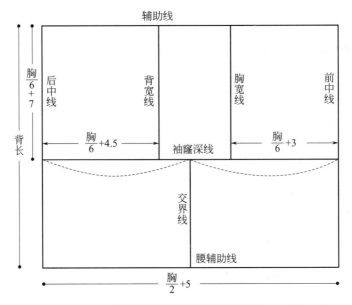

图4-1 标准衣身基本纸样的基础线（单位：cm）

2. 女装实用原型衣片结构图解

女装实用原型衣片结构图解如图4-2、图4-3所示。

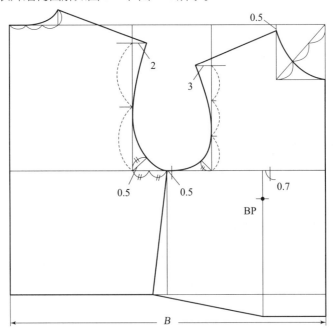

图4-2 女装实用原型衣片结构设计图解之一（单位：cm）

注：BP为胸高点。B（胸围）=净胸围+约12cm（松量），总肩宽=2/B-8（约7～11cm）。

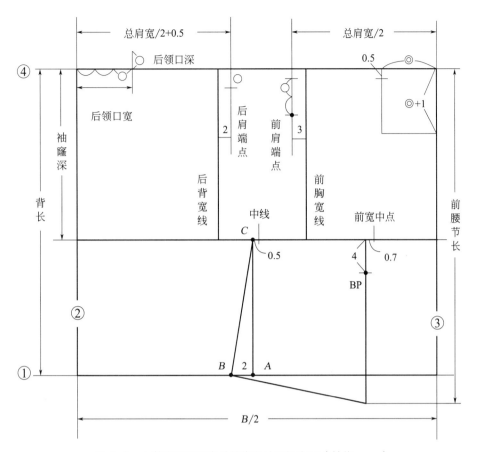

图 4-3 女装实用原型衣片结构设计图解之二（单位：cm）

具体制图步骤如下。

① 画基础线：在画纸下方画一条平行线①，以此线为基础线。

② 画背中线：在基础线的左侧垂直画一条直线②可作为背中线。

③ 画前中线：自背中线向右量 $B/2$ 画垂直线③确定前中线。

④ 确定背长：根据背长的数值自基础线向上在背中线上画出背长。

⑤ 画上平线：以背长线顶点为基点画一条平行线④作为上平线。

⑥ 确定前腰节长：自上平线④向下量出前腰节数值。

⑦ 确定袖窿深：自上平线④向下量，袖窿深= $B/6+6$ cm（约）。

⑧ 画后领口：后领口宽=领围/5 - 0.5cm，后领口深=1/3后领口宽（或定数2.5cm）。

⑨ 确定前肩端点：前落肩=2/3领宽+0.5cm（或= $B/20$ +0.5cm，也可以用定数约5.5cm，还可以用肩斜度20°来确定）。左右位置是自前中线向侧缝方向量1/2肩宽。

⑩ 确定后肩端点：后落肩=2/3领宽（或= $B/20$ ，也可以用定数5cm，还可以用肩斜度来确定，落肩17°）。左右即横向位置是自背中线向侧缝方向量肩宽/2+0.5cm，然后画垂直线，该线与落肩线的交点即后肩端点。

⑪ 确定前胸宽：前肩端点向前中线方向平行移约3cm画垂直线即前胸宽线。

⑫ 确定后背宽：后片肩端点向背中线方向平行移约2cm画垂直线即后背宽线。后背宽一般要比前胸宽大约1cm。

⑬ 确定BP点：前胸宽中点向侧缝方向平行移约0.7cm画垂直线，该线通过袖窿深线向下量

约4cm即BP点。

⑭ 画斜侧缝线（也叫摆缝线）：在B/2中点（在袖窿深线上）向背中线方向移0.5cm定C点，再以C点为基础画垂直线腰节线交基础线于A点，A点再向后背方向平行移2cm确定B点，最后连接CB。

⑮ 画前领口：领宽=领围/5 − 0.5㎝（◎），领深=领围/5+0.5㎝（◎+1），然后画顺领口弧线。当画好领口弧线时，请实测量领口弧线的长度（包括后领口长）是否与领围的数值吻合，必要时可适当调整。

⑯ 画袖窿弧线：要求画顺弧线，弧线造型要标准，要符合人体造型。辅助点和线只是作为画弧线时的参考，在具体制图时要以整体为主，局部服从整体。特别要考虑胸围、肩宽、前胸宽，后背宽等的数据协调关系。

⑰ 画前后腰节线。

3. 女装实用原型一片袖结构图解

女装实用原型一片袖结构图解如图4-4所示。

具体制图步骤如下。

① 画基础线：在画纸的下方画一条水平线①。

② 确定袖长：自基础线向上垂直画袖长线。

③ 定袖山高：袖山高=袖窿长/3 − 2cm（0~4cm）。袖山高的大小直接决定着袖子的肥瘦变化，袖山越高袖根越窄，袖山越低袖根越肥。

④ 确定袖型的肥窄：一般当袖山高确定以后，袖型的肥窄就已经确定了。袖山斜线AB（直线）=后片袖窿长，AC（直线）=前片袖窿长。

⑤ 确定袖肘线：在袖长的1/2处垂直向下移5cm再画一条水平线。

⑥ 画袖口线：袖口的大小可根据需要而设定。

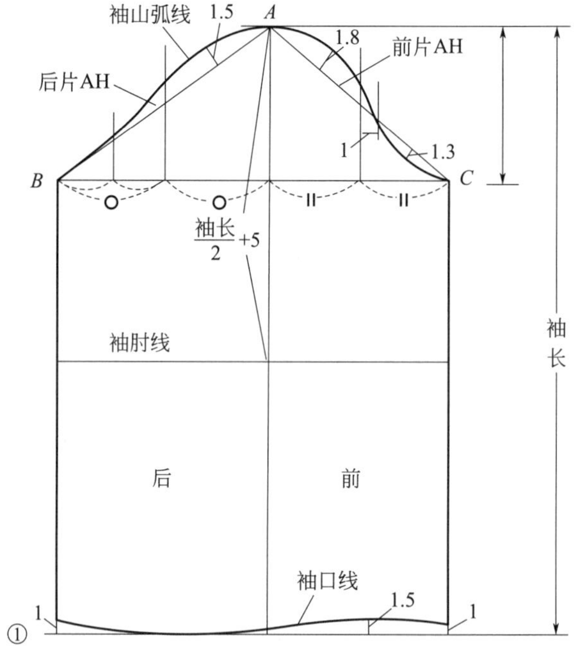

图4-4　女装实用原型一片袖结构设计图解（单位：cm）

⑦ 画袖山弧线：参考辅助点线画顺弧线。

4. 女装实用原型原装袖结构图解

女装实用原型原装袖结构设计，如图4-5。

具体制图步骤如下。

① 画基础线：在画纸的下方画一条水平线①。

② 确定袖长：自基础线向上垂直画袖长线。

③ 确定袖山高：袖山高＝袖窿长/3（参考值）。袖山高的大小直接决定着袖子的肥瘦变化，袖山越高袖根越窄，袖山越低袖根越肥。

④ 确定袖型的肥窄：一般当袖山高确定以后，袖型的肥窄就已经确定了，袖山斜线AB＝袖窿长/2，B点自然确定，再以B点为中心向左右各平移3cm画垂直线确定大小袖片的宽度。

⑤ 确定袖肘线：自袖山底线至袖口线的1/2处向上移3cm画水平线（也可在袖长的1/2处垂直向下移5cm然后画一条水平线来确定）。

⑥ 画袖山弧线的辅助点线。

⑦ 画袖衩：袖衩长12cm，宽2cm。

⑧ 画袖山弧线：参考辅助点线画顺弧线。画好袖山弧线后请实测一下袖山弧线的长度，检验与袖窿弧线的数据关系，必要时可做适当调整。

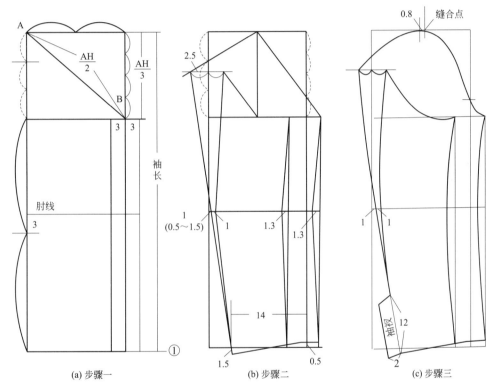

(a) 步骤一　　　　　(b) 步骤二　　　　　(c) 步骤三

图4-5　女装实用原型原装袖结构设计图（单位：cm）

第五章
基础纸样凸点射线与省道转移原理及应用

由于人体并非是一个简单的圆柱体，而是一个复杂而微妙的立体形态，因此，要使服装美观合体，就必须研究服装纸样中针对人体结构变化的处理方法。女装原型前片结构中，为符合女性体型特有的胸部隆起之造型，必须要有规则地去掉多余的量，进行科学的结构分解，才能得到专业且合理的女装纸样。通过合理运用凸点射线与省道转移的原理，依托旋转、剪切、折叠等变形方法，采用省道、打褶、抽褶、分割、连省成缝等方式，对原型进行一定的结构处理，设计出符合女性人体特征的女装纸样，使得女装原型能充分地展示出女性的风姿，突出女性曲线优美的特征。

第一节　前片省道的取得方法

前片省道通常由三种方法取得，即转合法、剪接法、直收法。在进行省道取得的过程中，应先掌握如何计算省道量的大小。我们将原型前片和后片的腰围线放在同一水平线上做比较，前片侧缝要比后片侧缝长出许多，省道的量通常由此差数产生。因此，胸高隆起越大，后腰节长与前腰节长的差数就越大，理论上省道的量也就应该越大。相反胸高隆起得越小，后腰节长与前腰节长的差数就越小，理论上省道的量也就应该越小。

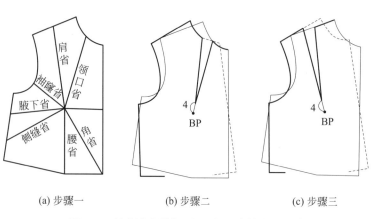

(a) 步骤一　　　　(b) 步骤二　　　　(c) 步骤三

图 5-1　转合法省道的取得图解一（单位：cm）

一、转合法

转合法先将原型样板在平面上放好（前中线朝右方向放置），然后以BP点为中点（不动点）让样板自右向左（肩颈点向肩端点方向移动）转动至斜腰线成为平行线止，然后在外形线找准一点移动的量即省道，如图5-1、图5-2所示。

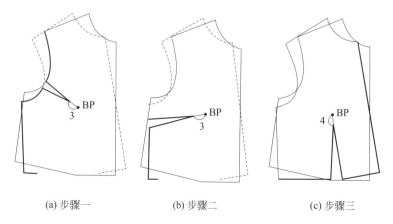

(a) 步骤一　　　　(b) 步骤二　　　　(c) 步骤三

图 5-2　转合法省道的取得图解二（单位：cm）

二、剪接法

剪接法首先根据前后片

侧缝线长度的差数设计出腋下省（前片基础省道），然后将此省剪开并去掉省量，再用合拼此省的方法来求出其他省的份量。这是用量的转换原理来求得省道的基本方法，如图5-3所示。

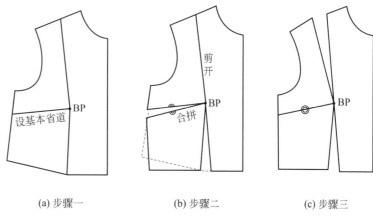

(a) 步骤一　　　　(b) 步骤二　　　　(c) 步骤三

图 5-3　剪接法省道的取得图解

三、直收法

直收法是设计师根据自己对结构知识的掌握与理解，在纸样设计的过程中直接设计出所需的省道。直收法要求设计师必须要有较好的人体结构知识和纸样设计经验。

第二节　后片肩省的取得

人体的背部也不是规则的平面，比较凸出的是两个肩胛骨凸点，这就要求在进行后片纸样设计时必须考虑如何正确地设计后片肩省，使后片结构造型符合人体造型的需要。

一、后片肩省的取得方法

具体方法如图5-4所示。

二、设计说明

（1）省的大小。省大为定数1.5cm，省长定数8.5cm（女式160/84A）。

（2）省的位置。自肩颈点沿着肩斜线侧移4.5cm确定一点，然后画斜线连接袖窿深线。

（3）落肩。落肩加大0.7cm，因为缝合肩省后落肩将上提约0.7cm。

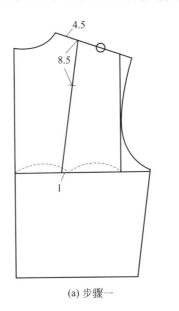
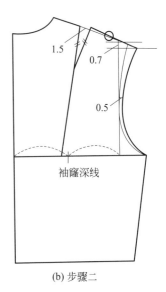

(a) 步骤一　　　　(b) 步骤二

图 5-4　后片肩省的取得图解（单位：cm）

三、连衣裙省道分析

从连衣裙造型上可以较为直接地看到女子胸围、腰围、臀围三围的数据比例关系，三围的数据比例对于正确设计女装各部位省道、把握服装整体纸样设计都有着决定性的作用。无论是紧身贴体装还是宽松式休闲装，在进行纸样设计时都要求对三围的比例关系、数理概念有一定的掌握。例如，女子160/84，三围参值为：腰围68cm，腰围68cm+16cm=胸围84cm，胸围84cm+8cm=臀围92cm（图5-5、图5-6）。

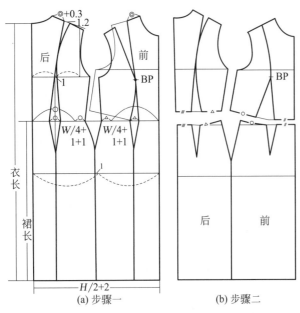

图 5-5　连衣裙省道平面分析图（单位：cm）
W—腰围；H—臀围

图 5-6　连衣裙收省前后形态分析图

四、女装部位加放尺寸参考

具体尺寸见表5-1。

表 5-1　女装部位加放尺寸参考　　　　　　　　单位：cm

款　式	长度标准		围度加放尺寸				测量基础	成品内可穿
	衣　长	袖　长	胸　围	腰　围	臀　围	领　围		
短袖衫	腕下 3	肘上 4	10~14		8~10	1.5~2.5	衬衫外量	汉衫
长袖衫	腕下 5	腕下 2	10~14		8~10	1.5~2.5	衬衫外量	汉衫
连衣裙	膝上 3 膝下 25	肘上 4	6~9	4~8	7~10	2~3	衬衫外量	汉衫
旗袍	脚底上 18~25	齐手腕	6~9	4~8	6~8	2~3	衬衫外量	汉衫
西服	腕下 10	腕下 2	12~16	10~12	10~13		衬衫外量	一件毛衣
两用衫	腕下 8	腕下 3	14~17		12~16	3~4	衬衫外量	毛衣及马甲各一件
短大衣	腕下 15	齐虎口	23~28		20~24	4~6	一件毛衣外量	毛衣、马甲、两用衫
中大衣	膝上 4	齐虎口	23~28		20~24	4~6	一件毛衣外量	毛衣、马甲、两用衫
长大衣	膝下 20	齐虎口	23~28		20~24	4~6	一件毛衣外量	毛衣、马甲、两用衫
长裤	腰节上 4~ 离地 2		23~28	2~4	8~15		单裤	

款　式	长度标准		围度加放尺寸				测量基础	成品内可穿
	衣　长	袖　长	胸　围	腰　围	臀　围	领　围		
中长裤	腰节～膝			2~4	8~15		单裤	
短裤	腰节～（臀围下 15~26）			2~4	8~15		单裤	
长裙	腰节～离地			2~4	10~18			
中长裙	腰节～（膝上 10~膝下 10）			2~4	8~16			
超短裙	腰节～（臀围下 20~30）			2~4	4~8			

第六章
女裤纸样设计原理及应用

女裤在结构上和男裤很相似，不同的是，女裤为了和裙型多变的特点相协调，也采用了裙型的某些设计原理。如裤装的省、分割及打褶的设计，和裙型的结构原理完全相同。就裤装本身的结构而言，要正确把握大小裆弯、后翘和后中线倾斜度等参数的比例关系，这是裤装纸样设计的关键所在。在设计方法上也必须确立一个裤装内限的参考型，即裤装的基本纸样。

第一节　裤装基本纸样设计

一、裤装分类

裤装的种类很多，结构变化多样，分类方法也各有不同，一般有以下几种分类方法。

◁1. 按裤装臀围的宽松程度进行分类

按裤装臀围的宽松程度分为贴体裤、合体裤、较宽松裤和宽松裤。

（1）贴体裤。臀部贴体，束腰较低，一般为无褶结构，臀部造型平整而丰满，上裆较短，无挺缝线，裤装臀围的松量≤6cm。

（2）合体裤。臀部较合体，前后裤身有烫折线，裤口较中裆小，裤装臀围的松量为6~12cm。

（3）较宽松裤。臀部较宽松，前裤身有褶裥，多放在烫折线置口袋的一侧，上裆较长，裤装臀围的松量为12~18cm。

（4）宽松裤。臀部宽松，前后裤身有多个褶裥，上裆较长，脚口宽松，裤装臀围松量为18cm以上。

◁2. 按裤装的长度进行分类

按裤装长度分类可分为以下几种（图6-1）。

（1）游泳短裤。三角裤，裤长至大转子上部。

（2）运动短裤。又称热裤、超短裤，裤长至大腿根部。

（3）短裤。裤长至大腿中部。

（4）中短裤。或称中裤，裤长至膝盖上部。

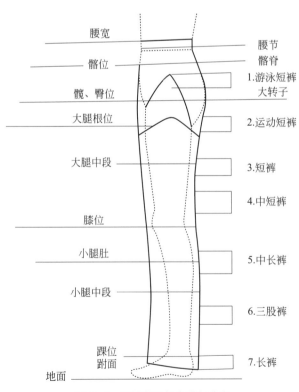

图6-1　按裤装的长度进行分类

（5）中长裤。又称七分裤，裤长至小腿中段以下。

（6）三股裤。裤长至小腿中段以下。

（7）长裤。裤长至脚踝以下，为鞋跟的中部或地面向上2～3cm。

（8）拖地裤。裤脚拖到地上的裤装，一般长度会盖住鞋面，裤腿宽大，松松垮垮，自带随意慵懒、复古的时髦感。虽然它的长度可以拖到地上，但是裤脚只是随意慵懒地搭在鞋子上，并不是真的踩在地上。

3. 按裤装的廓形进行分类

按裤装的廓形可分为筒形裤（长方形）、锥形裤（倒梯形）、喇叭裤（梯形）、马裤（菱形）四种。

（1）筒形裤（长方形）。筒形裤的臀部比较合体，裤筒呈直筒形。

（2）锥形裤（倒梯形）。锥形裤在造型上强调上大下小，凸显臀部，缩小裤口的宽度，形成上宽下窄的倒梯形。

（3）喇叭裤（梯形）。喇叭裤在裤装的造型上收紧臀部，从外观上看，即中裆小脚口大，外形像喇叭的款式，形成上窄下宽的梯形。

（4）马裤（菱形）。传统马裤的裤裆及大腿部位非常宽松，而在膝下及裤腿处逐步收紧，形成上下窄小、中间宽大的菱形。

4. 按不同裤型进行分类

按裤装腰围结构进行分类可分为高腰裤、中腰裤和低腰裤三种。

（1）高腰裤。高腰裤是指在裤子腰围在人体腰线以上，或高于人体肚脐眼的位置。高腰裤有修长感觉，同时还带有华丽、正规美的效果。高腰裤设计成宽松、休闲或紧身的都可以。高腰裤裆底一般可有一些空间松量。

（2）中腰裤。中腰裤的裤子腰围卡在人体腰部，肚脐处位置。中腰裤中腰带有轻松、活泼等效果。中腰裤一般可为较紧身型裤装如牛仔裤、健美裤等。这也是普及面最广、用户购买量最大的裤装版型之一。

（3）低腰裤。低腰裤是指裤腰在肚脐以下，以胯骨为基线，充分展示人的腰身的裤子。低腰裤的标准腰线应是位于女性肚脐以下三根手指宽度的位置。广泛而言，只要是在腰线以下者，都可称为低腰裤。

二、裤装基本纸样制作图解

女西裤为春秋季时装裤，展现出合体、庄重的风格特征。款式特点为束腰直筒裤，臀部有适当松量，前裤腰口处设一倒向侧缝的单褶和一个小腰省，后裤腰口处设两道腰省，侧缝直插兜，右侧开门缝拉链（图6-2）。穿西裤能够弥补女性体型的不足。

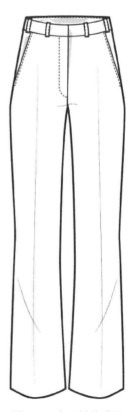

图6-2 女西裤款式图

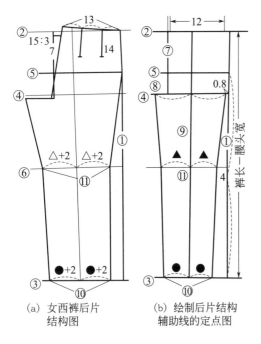

(a) 女西裤后片
结构图

(b) 绘制后片结构
辅助线的定点图

图 6-3　裤装基本型基础辅助线图（单位：cm）

女西裤设定规格如表6-1所示。以下是其基本纸样制作方法及图解（图6-3）（号型：160/66A）。

表6-1　女西裤设定规格　　单位：cm

部　位	裤　长（L）	腰　围（W）	臀　围（H）	上　裆	裤　口
尺　寸	98	68	100	29	22

1. 绘制基础辅助线

① 侧缝线：直线①为前、后侧缝线。

② 上平线：垂直前、后侧缝直线①，是前、后裤片的腰缝线。

③ 下平线：平行于上平线，是前、后裤片的脚口线，②～③间距是裤长－腰宽（3.5cm）。

④ 横裆线：由上平线②向下量取上裆长－腰宽（3.5cm）作平行于上平线②的直线。

⑤ 臀围线：由上平线向下量取2/3（上裆长－腰宽）作平行于上平线②的直线。

⑥ 中裆线：由臀围线⑤与下平线③的中点上移4cm作平行于横裆线④的直线。

⑦ 臀宽线：在臀围线⑤上取前臀宽H/4-1cm，后臀宽H/4+1cm，作平行于侧缝线①的直线。

⑧ 裆宽线：前裆宽0.45H/10，后裆宽1.05H/10，由臀宽线⑦与横裆线④交点起沿横裆线④向左量。

⑨ 烫迹线：在横裆宽1/2点作平行于前侧缝线①的直线。

⑩ 裤口宽：前裤口取裤口尺寸-2cm，后裤口取裤口尺寸+2cm，以挺缝线为中心两边均分取点。

中裆宽：前中裆由小裆宽与裤口内侧点作直线交⑥中裆线点，由该点向内量取0.5cm取点，再以前挺缝线为中心两边均分取点；后中裆宽以裤挺缝线为中心，按前裤中裆大尺寸两边各加2cm。

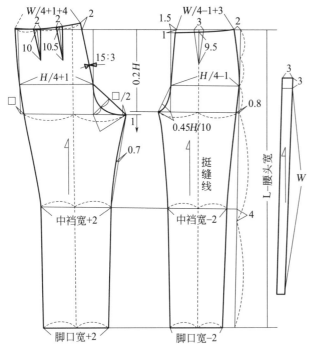

图 6-4　女西裤基本纸样图（单位：cm）

W—腰围；H—臀围；L—裤长

2. 完成女西裤基本纸样图

女西裤基本纸样图如图6-4所示。

三、裤型结构设计

裤型前片结构设计是整个裤装设计中比较重要的一部分，它既是前面基础结构原型的理论基础，又是实战当中裤型结构设计的依据。下面将比较详细地从一个点、一条线、一个面来分析前面所讲的样板。

1.裤型前片结构设计

裤型前片结构设计图如图6-5所示。

（1）立裆的设定。影响立裆的因素主要有以下几个方面。

① 和人体体型的比例关系。一般立裆的深浅和人的身高及胖瘦都存在一定的比例关系，因此在设定立裆深浅时要以身高和臀围的尺寸做比例计算的依据，通常按照基础立裆=身高/10+臀围/10+1cm计算。

② 与款式风格造型的关系。其中包含职场定位和面料性质。

a.职场定位。我们的衣服是在什么场合穿着的？是职业性质的？还是休闲运动的？相同的款式不同的场合要设定不同的尺寸。比如对常见的营业厅的服务人员，其服装款式就要突出职场女性业务精炼专注的特性，裤型设计会相比运动休闲类的合体一些，但是相对紧身的牛仔一类又显得宽松一些。

b.面料性质。特别是针织的面料，由于弹性比较大，往往成品后的立裆尺寸会加长裆深，所以在处理此类面料时应适当地改浅立裆的尺寸。

③ 和年龄定位的关系。服装款式的流行在不同的地区会有不同的表现，沿海城市和内地城市往往会有5年甚至更久的时间差数。针对内地城市，通常来讲：

少淑装常用的立裆尺寸为19~22cm；

成人装常用的立裆尺寸为23~26cm；

中老年装常用的立裆尺寸为25~28cm。

当然在实际的操作当中要将人群、职场、面料、款型几个方面相结合，综合考虑立裆数值才能准确地设计出合适的尺寸。

（2）膝围线的设定。膝围线的真实位置大约在横裆下29cm，在实际的制板中膝围线也是一条设计线，因为膝围线的高低表现不同会从视觉上改变腿部的造型。比如在做微喇裤时可以把膝围线适当地抬高一些，这样在视觉上就会增加小腿的长度，会让人感觉腿部更修长。

膝围一周的长度大约为35cm，当抬高膝围线时就要注意增加膝围的尺寸，特别是在一些合体的裤型中。在这里膝围和臀围的尺寸没有固定的比例关系，因为随着年龄的增加，肌肉和脂肪组织比较多的臀部形态会发生比较大的变化，而膝盖部分却不会受此影响。

（3）裤中线位置的设定。裤中线是裤型制板中很重要的一条结构线，它的位置直接影响着整个裤型的风格和结构是否合体，每个制板师出于不同的结构设计思路，裤中线的位置设置也不相同。一般取人体自然姿势站立的情况（双脚微开与肩部齐）作为参考依据。

从膝围正前面宽度的1/2做垂线，一直到腰部，这个时候裤中线和前片臀围线的交点位置为

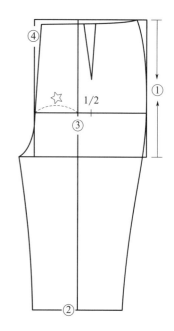

图6-5　裤型前片结构设计图
①—立裆；②—膝围线；③—裤中
线；④—前中劈量的设定

A，1/2前臀围的位置为B，A到B的距离为$2 \sim 2.5$cm。但是在具体的结构制图当中，裤中线的位置却是变动的，这是由服装面料以及裤型的不同造成的。一般来讲以下几个方面决定了最终裤中线的位置。

① 人体的体型原因。腿部的胖瘦，很多情况下是由腿部上面的脂肪组织决定的，就腿部的骨骼来讲所产生的形态变化不大（体型特胖的除外，上体的重量很容易导致下肢骨骼的变形）。人体的体型分为以下三种。

正常体：裤中线位置在$H/2$前片臀围偏向前中$2 \sim 2.5$cm。

偏瘦体：裤中线位置在$H/2$前片臀围偏向前中$1 \sim 1.5$cm。

偏胖体：裤中线位置在$H/2$前片臀围偏向前中3cm以上。

人体越瘦，大腿内侧的空间量就越大，反之就越小。同时偏瘦的体型一般多为扁体型，而偏胖的体型则圆体型多一些。

② 和裤装造型有关。合体的裤型在使用高弹面料时，由于在结构设计时偏重于样板的看相和挂相，一般裤筒做得比较偏直，所以通常会将裤中线向侧缝偏移一些，比如像针织类型的样板造型。

而面料弹性为自然弹力时，由于在结构设计时则偏重于人体的实际形态，所以我们一般将裤中线向前中偏移一些，比如常见的西裤类型或者小板裤类型。

对于宽松造型的样板，可以以款式的造型为主，适当调整。

（4）前中劈量的设定。前中劈势是制板结构中经常用到的地方，可以从以下三个方面来确定这个量的大小。

① 人体腹部的凸起程度。如图6-6所示，人体腹部凸起量越大，在结构制板时劈量就越小；人体腹部凸起程度越小，在结构上劈量就越大。

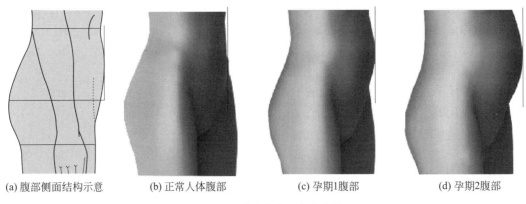

(a) 腹部侧面结构示意　　(b) 正常人体腹部　　(c) 孕期1腹部　　(d) 孕期2腹部

图6-6　人体腹部的凸起程度图

② 款式的造型。小脚裤的裤筒中轴（裤中线）比较垂直，而阔脚裤的裤筒中轴则是呈八字形的走向，原因是因为我们在做小脚裤时裤筒的放量针对膝围来讲比较均衡，而在做像阔脚裤这类脚口较大的造型时，中裆和脚口的放量并不是针对人体均衡放量的，而是内侧的放量少，外侧的放量多。

单单用加大外侧放量的方法会造成外侧斜丝过多的情况出现，在衣服缝制的过程中会造成侧缝上吊的情况，为了避免上述弊病的产生通常可以采用如下的方法来处理前中劈量。也就是说前中的劈量越大，成品的裤型跨度越大（八字形状越突出），而跨度越大脚口侧的放量也就越大。

总结来讲就是：裤型脚口越宽松，前中劈量就越大；裤型脚口越合体，前中劈量就越小。

③ 板型结构。在做合体紧身的裤型时，在结构上需要向前中方向旋转前片的丝缕，以便让前裆的松量满足人体需求，而这时就需要适当地加大前中劈量，来避免前面卡裆的情况出现（图6-7）。

即：前劈量=人体量+造型量（合体裤型以人体为主做结构设计，宽松裤型以造型为主）。

（5）臀围的加放及分配

① 侧缝线位置的确定。在讲臀围放松量之前我们先讲一下裤装侧缝线的位置和确定方法。首先，侧缝线在结构上是一条设计线，可以跟随款式的变化来适当调整和设计。

一般情况下，我们在腰围侧面的1/2（或者1/2向后0~0.5cm）位置向下做垂线，来

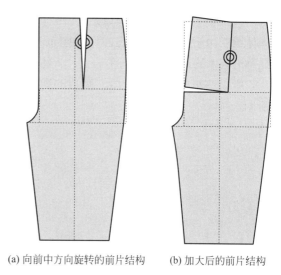

(a) 向前中方向旋转的前片结构   (b) 加大后的前片结构

图6-7 前劈量旋转图

确定侧缝线的位置，O为侧缝线和臀围线的交叉点，它和臀围侧面的1/2处相距1~1.5cm的距离（图6-8）。以此为参考可以得出人体前后腰围和臀围的净体尺寸：

前腰围：腰围/4腰围+（0~0.5）cm；

前臀围：臀围/4臀围-（1~1.5）cm。

② 关于臀围放松量如图6-8所示。

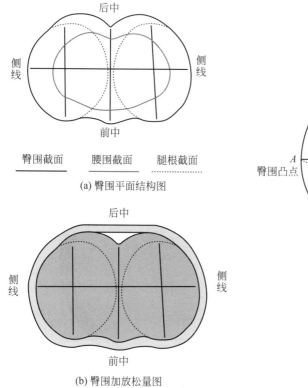

臀围截面   腰围截面   腿根截面

(a) 臀围平面结构图

(b) 臀围加放松量图

(c) 人体臀部示意

图6-8 臀围放松量图1（单位：cm）

理想状态下的臀围放松量如图6-8（b）所示，即均匀围绕臀部一周的放松量。但是实质的人体臀部由于后面的"支点A"和前面腹部的"支点B"并不在一条平行线上，而支点的位置又是贴近人体的，因此在实际的服装和人体之间的空间是不可能均匀相同的。

所以在纸样结构设计中，前片的臀围放松量和后片的臀围放松量也是不同的，如图6-9所示。

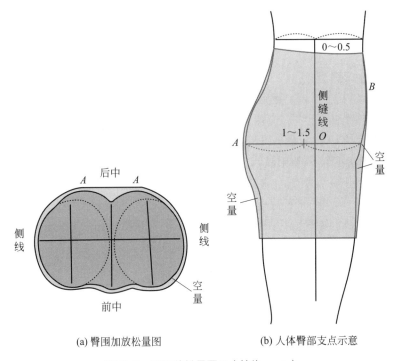

(a) 臀围加放松量图　　　　　(b) 人体臀部支点示意

图6-9　臀围放松量图2（单位：cm）

随着臀围放松量的不断增加，服装离开人体的空间也就越大，特别是前面臀围的部分，但是相对于人体的支点来讲，空间量的变化却不会很大。

另外，针对不同围度的臀围加上相同的放松量得到的服装离体空间是相近的，这个原理就如同图6-10的例子。

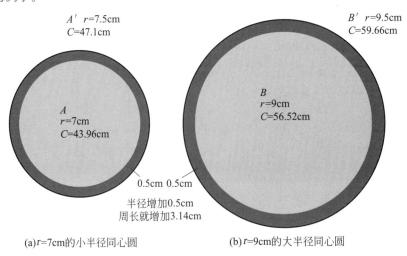

(a)r=7cm的小半径同心圆　　　　(b)r=9cm的大半径同心圆

图6-10　外圆与内圆空间量

不同半径的两个同心圆，当它们的外圆周长增加相同的数值时，其和内圆的距离也会增加相同的数值（空间量），同样它们也增加了相同的半径尺寸。比如同样增加了3.14cm的周长，它们也就同样增加了0.5cm的半径尺寸。这就如同90cm的净臀围加上10cm的放松量，所得到的服装和人体之间的空间量与96cm净体臀围增加10cm的放松量所得到的空间量是相同的。

③ 臀围放松量的加放设计。一般裤型放松量参考如表6-2所列。

表6-2　一般裤型放松量参考　　　　　　　　　　　　　　　单位：cm

类　型	紧　身	合　体	宽　松
放松量（净臀90+）	–8 ~ 0	0 ~ 6	8 ~ 10 或 15 以上

a.合体裤型和紧身裤型。应参照人体的实际尺寸来分配臀围比例，比如常见的针织和牛仔裤类，一般都是前小后大的结构。

b.宽松类的裤型。由于臀围放松量比较大，综合前面所讲的内容，可以加大前片的放松量，一般都是前大后小的结构。但是在增多前片放松量的同时也会增加前片裆部的空间量，所以在宽松的造型中也可以随着臀围放松量的增加来适当加大小裆的宽度。

（6）裆宽的计算及分配。裆宽在结构中也称为人体的体侧厚度，在设计总裆宽时要考虑以下几个方面。

① 整个过裆的长度尺寸以及大腿的围度。

② 前片结构中后困势的配合。

裆宽在设计时不能孤立操作，既要满足整个过裆不紧，也要照顾到裤型的大腿围度是否得当（图6-11）。

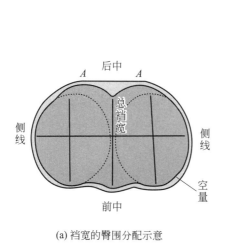

(a) 裆宽的臀围分配示意　　　　　　　　　　　(b) 总裆宽示意

图6-11　裆宽计算图

诸如上述，裆宽的结构要考虑上面的两个方面，并不能单纯地从臀围的比例中获得准确的计算。

有些制板师是靠经验从臀围比例来计算裆宽，这是时下很多制板师的方法，也有制板师是把大腿看作正圆来取其直径作为裆宽的参考，凡此种种，没有对错，大家都是建立在自己经验基础上的总结。

比如，在同样的合体情况下，由于面料性能不同（像牛仔和针织），我们所匹配的裆宽、后困势等也要有所区别。

① 和人体相关的知识。裆宽只是整个过裆长度的一部分（前后浪长度的一部分），严格来讲它和人体的厚度有关，和大腿的围度并不存在一定的比例关系。比较瘦的体型（扁体型）的裆宽相对比较胖的体型（圆体型）要窄一些。

② 和款式的造型有关。人体的净体裆宽大概为12.5cm（大裆+小裆）。一般情况下：

紧身的裤型，总裆宽在（9%~10%）H；

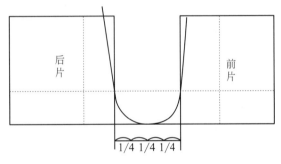

图6-12　大小裆宽的比例分配

合体的裤型，总裆宽在（11%~13%）H；

稍宽松裤型，总裆宽在（14%~15%）H；

宽松裤型，总裆宽在16%H以上。

裆宽的大小还要和前后中的困势相结合。在一些合体的裤型中，因为要控制横裆（大腿围）的尺寸，所以一般会通过旋转前后臀线的方法来获得更多的前后浪尺寸，从而适应更小的总裆宽，比如牛仔裤型的结构设计。

③ 大小裆宽的比例分配如图6-12和表6-3所示。

表6-3　裆宽比例参考

类　型	紧　身	合　体	宽　松
裆宽比例	9%～11%	12%～14%	15%以上

图6-13　宽松裤型空间量图

a.紧身裤型。在稍紧身的裤型结构当中，由于裤装的合体程度很高，这时我们在处理裆宽的分配时比较偏重于人体的实际尺寸，小裆宽大约等于总裆宽/4。

b.一般合体裤型。随着裤型的宽松程度增加，前片臀围的放松量也随之加大，这时前片臀围及腹股沟的空间量也随之加大，设定内侧线位置保持不变，则小裆的宽度也会随着前面的放松空间而加大，一般情况下小裆宽大约等于总裆宽/4+，或者1/3的状态。

c.宽松裤型。如图6-13所示，裤型越宽松，前片腹部以下的空间量就越大，特别是腹部比较大的体型，所造成的空间量就更多。前片支点（腹部）以及后臀围支点的贴体程度不变。

加上人体向前运动所需的量也需要加大前片小裆的尺寸。通常用小裆比例为整个裆宽的（1/2）－或者（1/3）+来作为参考。

2.裤型后片结构设计

裤型后片结构设计如图6-14所示。

（1）后困势的设定。后困势就是后片结构中的后裆倾斜量，不同的裤型结构需要有相适应的后困势。比如合体的牛仔裤型，宽松的阔腿裤、裙裤等都有不同的困势需求（图6-15）。那么为什么会出现这样的情况呢？下面从以下几个方面来分析。

首先我们来了解一下后困势产生的原因。后困势=人体量+结构设计量，是为了满足在较为合体的裤型中后浪长度不足而做的结构调整。

① 和人体的臀部凸起程度有间接的关系。人体臀部凸起量越大（臀部越翘），在纸样制图中用到的省量就越大（在第五章省道的取得方法中提到"收省"是处理凸面的基本方法之一），但是在实际的制板操作中，一般不会把所有人体所需的省量都放到结构中，因为太大的省量会造成裤片在成衣平铺后出现多余的鼓包，会严重影响服装的挂相。

一般情况下，我们会将一部分的省量放到后中去除掉，这样也就加大了后中困势的数值。臀凸量越大，后困

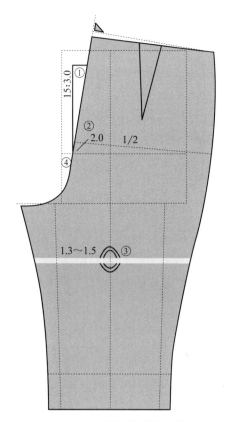

图6-14 裤型后片结构设计
（单位：cm）

①—后裆倾斜量；②—臀凸量；
③—裤中线；④—裆弯

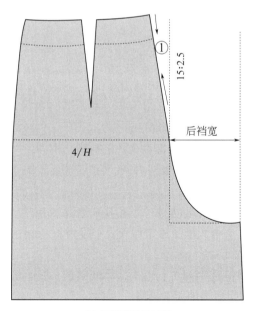

(a) 阔腿裤后片结构

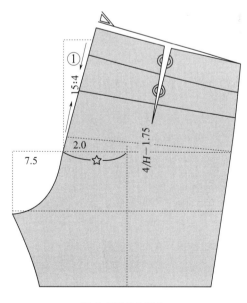

(b) 牛仔裤前片结构

图6-15 不同裤型前后片结构图（单位：cm）
①—后困势 H—臀围

势就越大；臀凸量越小，后困势就越小（图6-16）。

②后浪长度要满足人体的动态需求，就要满足两个条件合体和宽松，如图6-17所示。

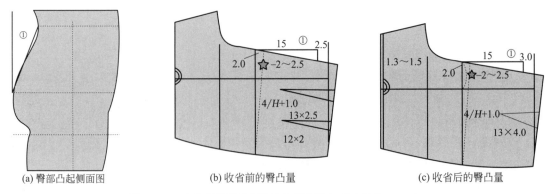

(a) 臀部凸起侧面图　　(b) 收省前的臀凸量　　(c) 收省后的臀凸量

图6-16　人体的臀部凸起程度与后困势关系（单位：cm）
①—穿着人体上的臀凸量；☆—立裆的深浅量；H—臀围

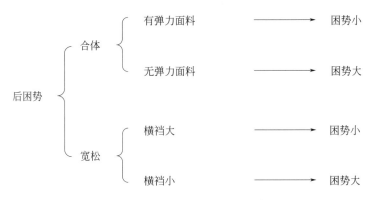

图6-17　后困势结构设计动态需求图

③后困势对结构产生的影响如图6-18所示。图6-18分别是以（15:2.5）~（15:4）做的不同比值的后困势结构对比，从中可以发现：

a.后困势比值越大所绘制的后翘数值就越大，后困势每增加0.5cm的数值，后翘会大约增加0.8cm的量；

b.后困势比值越大，最终裤片后中的布纹丝缕所占的斜丝就越多；

c.后困势比值越大，最终加大后臀围厚度的数值就越大。所以在合体的裤型结构中，为了不能增加横裆（大腿围）尺寸，又不至于后浪长度不够长，通常的结构处理就是增加后困势，比如牛仔裤的样板。

（2）后中臀线的低落量。这个低落量是在结构设计时根据人体体型和款式造型来定的。

①与人体体型的关系。偏胖的体型（圆体型）这个数值就设定得大，一般为2~3cm；偏瘦的体型（扁体型）这个数值就设定得小，一般为1~2cm。

②与裤装的款式造型的关系。弹力面料：以裤筒造型为主，适当减小低落量（低落量越小裤筒造型越直）。无弹面料：以实质的腿部形态为主，适当加大低落量。

图6-19是分别以后片比中低落0.5cm、1.5cm、2.5cm为例所绘制的参考图。其中后裤中线到后裆的距离我们标记为点，"A"点后中线到侧缝的距离我们标记为"B"点，A点到B点之间的长短差数称为偏裆量。

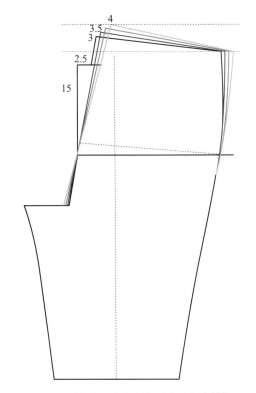

图6-18 后困势对结构产生的影响示意（单位：cm）

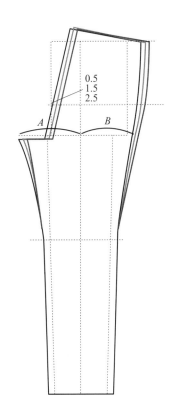

图6-19 前中低落不同数值参考（单位：cm）

不难发现，后中比前片的低落量越大裤装后片的侧缝线向外侧倾斜得就越多，则侧缝的丝缕斜向纱就越多，在相同的水平距离内它的弧线长度就越大(这时外侧其实隐藏的扒开量也就越大)。外侧偏直的结构比较适合有弹性且合体紧身的裤型或者是体型偏瘦的体型，外侧偏斜的结构则适合无弹面料的款式且比较合体的裤型。

偏裆量的设定也是为了后臀部的凸面造型，当结构中不能设定大的腰省来塑造凸面时偏裆量的作用就体现出来了（图6-20）。

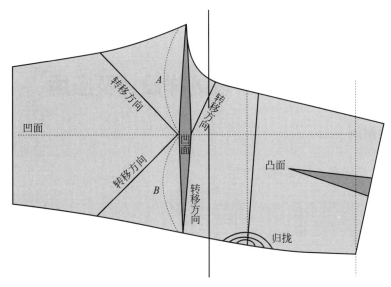

图6-20 省量在裤片上的表现

（3）后下裆省量的转移

① 普通结构的省量转移，可用作一般合体裤型的转省（图6-21）。

② 以裤筒造型为主的裤型转省（图6-22）。

③ 以人体腿部造型为主的裤型转省（图6-23）。

④ 补充后浪长度不足而横裆过大的方法（图6-24）。

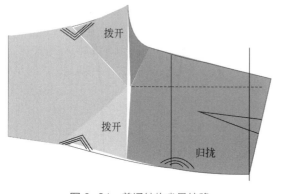

图6-21　普通结构省量转移　　　　　　　　　　图6-22　以裤筒造型为主的转省

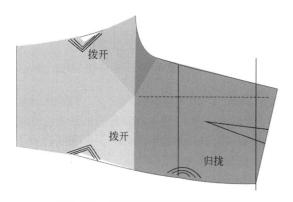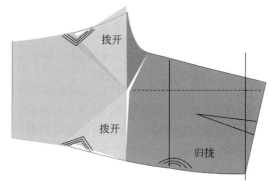

图6-23　以人体腿部造型为主的转省　　　　　图6-24　后浪长度不足而横裆过大的转省

转移到不同的位置，就会有不同的结构比例，大家可以根据实际情况酌情适量的调整。

第二节　裤装纸样设计及应用

一、裤装结构解析

1. 裤装基本纸样各线的名称和作用

虽然裤装纸样各线的名称很不统一，但是所命名的依据都没有超出各线所处的人体位置和作用。下面就图6-25所示加以说明。

（1）前腰线和后腰线。裤装的前后腰线也是根据其所处的人体部位而得名的，但它与其他腰线的作用不同。比如裙腰线、上身腰线多趋于直线，而且前后腰线结构相同，而裤装前后腰线结构不同，后腰线由于后翘的作用呈斜线，这主要是由于裤装横裆的牵制。

（2）前中线和后中线。裤装的前后中线和裙装的前后中线名称相同，而结构形式和作用有所区别。裙装的前后中线通常保持直线特征，而裤装的前后中线由于横裆的作用都有所变形。因此，在传统裁剪中把此线叫作"立裆"或"直裆"是为了和横裆同义，实际上要称为前后中线。

（3）前裆弯线和后裆弯线。前后裆弯线是指通过腹部转向臀部的前后转弯线。由于腹凸靠上而不明显，所以弯度小而平缓，因此亦称此为"小裆"。后裆弯线是指通过臀部转向股部的后转弯线，由于臀部向下而挺起，所以弯度较急而深，亦称大裆。

（4）前内缝线和后内缝线。前后内缝线指作用在下肢内侧所设计的结构线。由于裤装的前后内缝线都是为下肢内侧设计的接缝，所以这两条线虽曲度不同但长度应保持一致，这样才能构成裤筒的整体性。

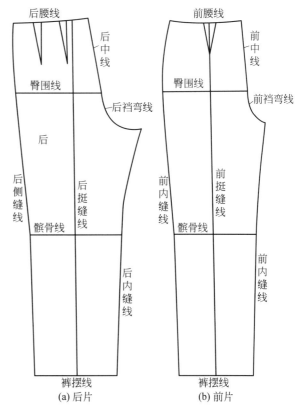

图6-25　裤装各线的名称

（5）前侧缝线和后侧缝线。前后侧缝线指作用在下肢内侧所设计的结构线。由于它们都是为腰线以下侧体所设计的接缝，所以曲度不同但长度最终应是相符合的。

（6）前裤摆线和后裤摆线。前后裤摆线是指前后裤口宽线。由于臀部比腹部的容量大，因此，一般后裤口比前裤口宽些，以取得与臀部比例的平衡。

2. 裤装围度构成的基本因素

日常生活中下肢的运动主要分为两个方面：一是合起双腿的运动（蹲下、坐下、盘腿）；二是打开双腿的运动（走、跑、上下台阶）。进行裤装纸样设计时，不仅需要考虑到运动产生的腰围和臀围尺寸变化，还要考虑合体美观程度。

（1）腰部。腰部是裤装固定的部位，是相对稳定的因素。根据人体正常动作幅度的变化，体格和体型的差别，蹲下、坐下及躯干前屈90°时腰围加大1.5~3cm，因此，腰围需3cm左右的放松量。但3cm的放松量在人体静止时，外形不美观，放松量过多。而人在生理上，2cm的压迫对身体没有太大的影响，所以裤装腰围的放松量为1~2cm即可。

（2）臀部。臀部是人体下部明显隆起的部位，其主要部分是臀大肌，人在蹲下、席地而坐做90°前屈时，臀围增量为2.5~4cm，因此臀部的舒适量最少需要4cm（因款式造型需要或特殊面料除外）。根据臀围放松量的多少，裤装分为紧身裤、贴体裤、合体裤、宽松裤等几种形态。

（3）中裆宽与裤口宽。中裆线设置在人体髋骨附近，一般略向上，这主要是考虑裤装造型的美观。裤脚口是指裤脚下口的边沿，裤脚口的款式变化通常可分为三大类，即锥形裤、直筒裤、喇叭裤，如图6-26所示。这三种裤装的结构特征是由中裆和脚口之间的大小关系来确定的，在裤装结构变化中是较典型的裤装。中裆宽度大于裤口宽为锥形裤，等于裤口宽为直筒裤，小于裤口宽为喇叭裤。

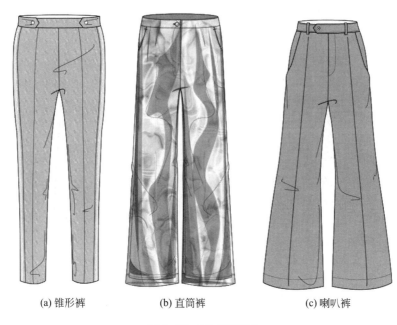

(a) 锥形裤   (b) 直筒裤   (c) 喇叭裤

图 6-26　不同裤型图

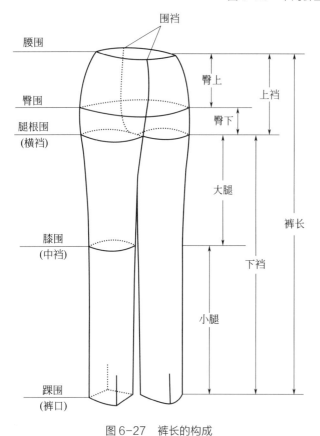

图 6-27　裤长的构成

3. 裤长构成因素

裤长是指由腰口往下到裤装最底边的距离，可根据款式及喜好设计长短。横裆线将裤长分为上裆长及下裆长，由于蹲、坐、抬腿和躯干前屈等人体运动，使裤装的臀部伸展，为了减少阻力和腰口下落现象，在增加裤装围度的同时，还必须增加裤装的上裆量及起翘量，如图6-27所示。

（1）上裆长。上裆长又称直裆深、立裆深，是指腰节至臀底耻骨（会阴点）水平线之间的距离。上裆长与人体股上长有着密切联系，对于在人体腰围线装腰的裤装款式，上裆长＝股上长＋裆底松量＋腰宽，对于低腰裤装款式，上裆长＝股上长＋裆底松量－低腰量。在裤装纸样设计中，上裆长的确定至关重要，其大小直接影响裤装裆底活动量与穿着的舒适性。如果裤装上裆长过大，会产生吊裆现象，既不美观，也不舒适；若上裆长过小，则会兜裆不舒适，如图6-28所示。

（2）下裆长。下裆长是指臀底耻骨水平线至裤口的长度，可以用裤长减去上裆长得出。下裆部位是裤装结构的另一组成部分，俗称裤筒，其长短大小的变化决定了裤装的造型变化。

（3）落裆量。在裤装结构设计中，为了符合人体臀底造型与人体运动学，

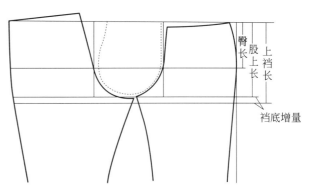

图6-28　上裆与人体关系

后裤片横裆线比前裤片横裆线下落0.5~1.5cm，作为落裆大小。其结构形成主要是前、后裆宽差值，裤长及前后下裆内缝曲率不同而产生的，落裆量取值以保证前后下裆缝长相等或相近为目的。

（4）裤装整体轮廓造型。纵观整条裤装的外形轮廓，是由裤长、上裆长、腰围、臀围、横裆、中裆及裤口等几个大环节构成的。一般裤装的造型在中裆以下变化较大，既可以依据体表曲线变化，又可以大幅度地离开体表的曲线或在两者之间变化。

裤装的整体造型是前面要求平直，两腿正中有笔直挺阔的挺缝线（烫迹线），挺缝线一般与布料的经纱重合，即为布料的一根经纱。前、后挺缝线均为直线型的裤装结构。前挺缝线位于前横裆中点位置，即侧缝至前裆宽点的1/2处；后挺缝线位于后横裆中点位置，即侧缝至后裆宽点的1/2处。而对于贴体的裤装，前挺缝线仍旧位于前横裆中点位置，后挺缝线则位于后横裆的中点向侧缝偏移0 ~ 2cm处，后挺缝线偏移后，对后裤片必须进行熨烫工艺处理，如图6-29所示。

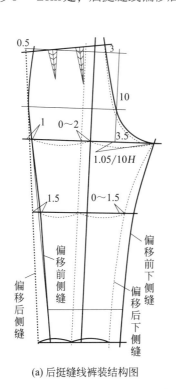

(a) 后挺缝线裤装结构图

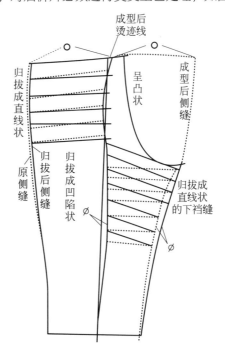

(b) 对挺缝线偏移进行工艺处理

图6-29　后挺缝线偏移及工艺处理（单位：cm）

H—臀围

二、裤装主要部位分析

1. 上裆部位

（1）臀围比例。因人体下肢运动时对裆部产生影响，裤装臀围放松量一般大于裙装的臀围放松量，约是臀围的10%（可根据裤装的廓型及面料的伸缩性灵活变化）。裤装臀围的分配比例通常是前片略小于后片，这是因为人体在上肢自然下垂时会向前倾，手中指指向下肢的偏前部位，因此，裤装侧缝线略向前移便于手插口袋。

（2）裆弯与裆宽。在裤装纸样设计中，裤装的前、后裆弧形与人体前腰腹部、后腰臀部和大腿根部分叉所形成的结构相吻合。人体侧面的腰、腹、臀至股底是一个向前倾的椭圆形（图6-30），以耻骨为联合点作垂线，分为前裆弧线与后裆弧线。由于人体臀部较丰满，臀凸大于腹凸，因此后裆弯度大于前裆弯度。裤装的裆宽反映躯干下部的厚度，前后裆宽要符合人体的腹臀宽，一般总裆宽为1.6H/10（H为臀围，下同），前、后裆宽的比例约为1∶3，前裆宽为0.4H/10，后裆宽为1.2H/10，其中后裆斜度为0.2H/10，如图6-31所示。

（3）后翘与后裆斜线。后翘是使后裆弧线的总长增加而设计的，起翘量以2~3cm为宜。后裆起翘量是由两方面因素决定的，一是满足臀部前屈等动作需要，二是由后裆缝困势决定。后裆斜线的倾斜度取决于臀大肌的造型，一般为10°～15°，臀大肌的挺度越大，后裆斜线越倾斜。

在裤装纸样设计中，后上裆垂直倾斜角取值范围在0°~20°，其中裙裤类的一般为0°，宽松裤后裆斜度为0°~50°，较宽松裤为5°~10°，较贴体裤控制在10°~15°，贴体裤则为15°~20°。当臀腰尺寸差小时，裤片的后腰起翘也小；当臀腰差尺寸较大时，裤片的后翘也趋大。

（4）下裆部位。前裤片下裆部分以挺缝线为对称轴，后裤片下裆部分裆宽处应略大于侧缝，居后裆宽的中点向侧缝偏移0~2cm，通过归拔工艺使后挺缝线呈上凸下凹的合体造型，凸部对应人体臀部，凹部对应大腿根部，偏移量越大，后挺缝线贴体程度越高。在贴体紧身裤中，前后挺缝线都需进行一定量的偏移处理，由于人体大腿内侧肌肉发达，下肢会横向伸展并做前屈运动，因此，为了使紧身裤穿着服

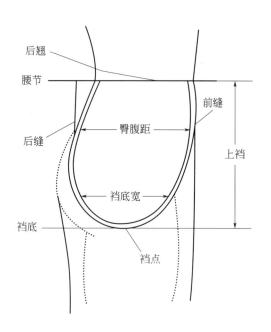

图6-30　人体裆部形态

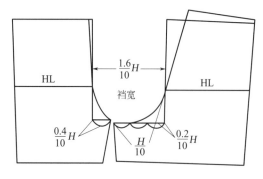

图6-31　裤装裆部分配图
H—臀围

贴，需调整前挺缝线，使其居前裆宽中点向内裆缝偏移0～1cm处位置，后挺缝线居后裆宽中点向侧缝偏移0~1cm处位置。

2. 腰、臀差设计

（1）腰臀形态差。在裤装纸样设计中，前裤片覆合于人体的腹部、前下裆部，后裤片覆合于人体的臀部、后下裆部。腰臀间为人体贴合区间，由裤装的腰省、腰褶形成密切贴合区，图6-32为人体腰部形态与裤装穿着图。从人体腰臀横截面看，腰臀差在后片最大，侧面次之，前面相对较小。

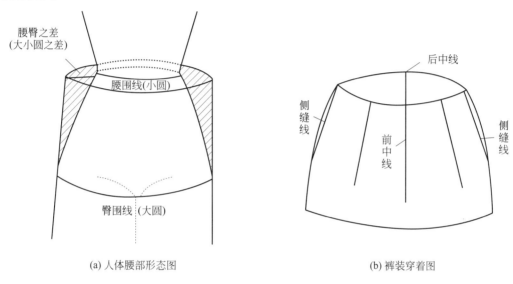

(a) 人体腰部形态图　　　　　　　　　(b) 裤装穿着图

图6-32　人体腰部形态与裤装穿着图

（2）前腰褶（省）的分布。根据人体腰腹的形态特征和裤装的风格，前裤片除前中心侧缝处劈势外，设腰省或腰褶解决腰腹差，一般设凹形省或凹形褶裥来塑造腰腹间的立体贴合装。前裤片的褶数量一般为1~2个，特殊款式的裤装也可在2个以上。前身设褶的数量不论多少，每个褶裥的褶量一般宜控制在2~4cm，靠近挺缝线处的褶裥宜大些，靠近侧缝处的褶裥宜小些。在进行褶位设计时，第一个褶裥位置一般以挺缝线为准，其余褶裥均匀地设置在第一个褶裥与侧缝线或斜袋位之间。

（3）后腰省的分布。裤装的腰省常设置在后裤片上。根据人体腰臀的形态特征，后裤片设腰省和后裆倾斜量的腰臀差。后腰省的数量不论多少，每个后腰省的大小宜控制在1.5~2.5cm。后腰省位置的选定与有无后袋有关，无后袋时，以均分后腰大小为依据确定省位；有后袋则先确定后袋的位置，然后以后袋位为依据确定省位。

三、裤型的提臀原理

1. 什么是提臀？

为了凸显人体下肢曲线的优美造型，让体型不是很标准的人穿着效果接近于标准人体的造型效果，让体型相对标准的人穿着后更显得双腿修长，臀部稍翘，就是提臀的目的。

尽管人的体型千差万别，但是人们对美的追求都是相近的，就如同大多数的人认为苗条的身材是美的一样。可是总会有人上身和下身的比例不协调，比如有些人的上半身长，腰以下的尺寸短，这时就需要通过服装的穿着来平衡肢体上的不足，来获得最好的着装效果。好的板型的结构设计就成了表现这种效果的最基础的内容。

不同的年龄会有不同的臀部造型特征，相同的年龄也会有不同的臀部生长特征，怎样让体型不好的人穿上这条裤装后获得和体型标准的人相近的着装效果呢？

首先我们来了解一下人体臀部的结构，如图6-33所示，然后分析如何调整裤装结构使其达到提臀的效果。

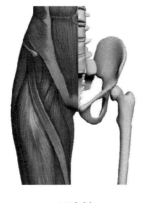
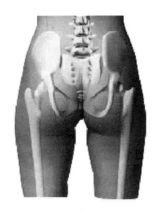
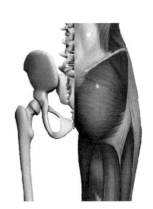

(a) 左侧　　　　　　　　(b) 背面　　　　　　　　(d) 右侧

图6-33　臀部结构组织

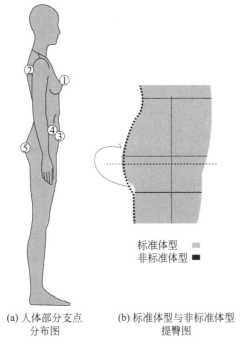

标准体型　▨
非标准体型　■

(a) 人体部分支点分布图　(b) 标准体型与非标准体型提臀图

图6-34　人体部分支点分布图

①—乳凸点；②—肩胛骨；③—腹凸点；④—髋骨；⑤—臀凸点

图6-34是人体部分支点分布图，其中①、③、⑤这几个支点的主要支撑结构是人体的肌肉组织或者是人体的脂肪组织，而②、④两个支点（肩胛骨和髋骨）则是由骨骼为支撑的支点。它们的不同之处在于由肌肉或脂肪构成的支点的稳定性会随着年龄、运动的改变而发生变化。相对来讲，由骨骼形成的支点则会稳定一些。针对不太标准的平臀体型，我们要上抬臀围线到正常体型的位置，同时还要减小后臀，这都有赖于肌肉和脂肪组织容易变形的优势。

2. 裤装提臀的条件

人体对穿着的要求主要有两点：一是穿着要舒适；二是要能很好地修饰人体（看着好看）。并非所有的人穿上相同的衣服都会取得相同的着装效果，这不仅仅是因为体型上的差异，同时也有纸样结构设计的原因。

（1）宽松的裤型。像哈伦裤、阔腿裤、萝卜裤等这类以宽松造型为主的裤型，在结构设计时以款式的廓形为主题思想，以强包容性为结构设计目的，既要廓形准确又要使各类体型能穿着。所以这类的裤型是做不了提臀效果的。

（2）紧身的裤型。并不是所有的裤型都适合做提臀效果，紧身的裤型多是横裆尺寸较小的结构，比如牛仔面料质地紧密又不失弹力就比较适合做提臀的效果。

3. 怎样设计提臀效果

（1）控制横裆尺寸。要提臀，横裆的尺寸就不能过大。如果横裆尺寸过大，就不能很好地将大腿根部的赘肉托起。

（2）保证后浪的长度。在制板结构中，我们常常遇到的问题就是不能在大腿围和后浪长度之间做好平衡，因为大腿围和臀围之间没有固定的比例关系，相同大小的臀围也会有不同的大腿围度，可后浪及前浪的长度是和人体的厚度相关的。

介于总裆宽的尺寸，往往按照臀围的比例来作为参考计算，而总裆宽的数值又直接影响着横裆的尺寸，往往出现的问题是后浪长度尺寸够了，横裆就容易画得大，而横裆尺寸刚刚好的时候，后浪长度又不够长。解决好横裆和后浪长度的平衡问题是裤装制板中的关键（图6-35）。

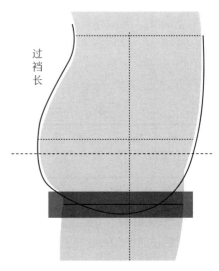

图6-35　提臀效果图

4. 具体调整方法

（1）减小总裆宽和臀围的放松量。提臀的裤型不能是宽松结构的，所以臀围的放松量就不能大，再加上能做紧身裤型的面料多是有弹力的面料，在实际的放松量中多是进行的负加放，即净臀围是90cm，而结构中用到的多是少于90cm的尺寸。

总裆宽因为是以臀围为基础而进行的比例参考，所以裆宽比例越大得出的前后横裆的尺寸就越大。

（2）加大后裆的困势。加大后裆困势的原因有两个：其一，后困势越大后浪的长度就越大，后裆困势每增加15∶1个比例点，后浪长度大约会增加1.5cm的量，因为改小总裆宽的比例后，后浪长度会改短一定的数值，这样可以弥补后浪长度的不足；其二，加大后裆困势也就增加了人体的厚度，弥补了由减小总裆宽所造成的人体厚度上面的不足。

（3）加大横裆在侧缝的劈掉量。后片的困势加大，就会导致后侧缝外移，且后困势越大修顺后在侧缝横裆处劈掉的量就越大，这样可以有效减小后横裆的尺寸（图6-36）。

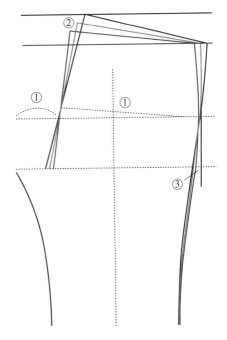

图6-36　后横裆尺寸调整方法图
①—总裆宽和臀围的放松量；
②—后裆的困势；
③—横裆在侧缝的劈掉量

四、裤装廓形变化纸样设计

1. 款式一：女式锥裤结构设计

（1）款式描述

① 面料：棉、混纺。

② 弹性：低弹性。

③ 厚薄：常规厚度。

④ 长度：常规款。

⑤ 廓形：H形。

⑥ 款式特征：修身型，前片分割线（表6-4、图6-37）。

表6-4　女士锥裤规格尺寸　　单位：cm

号　型	裤　长	腰　围	臀　围	立　裆	脚　口
165/70A	101	72	114	28.5	15

图6-37　女式锥裤款式图

（2）制图要点

① 女式锥裤前片结构

a. 裤长另加0.5cm加工损耗量。

b. 前浪深20.5cm（立裆）。

c. 立裆线上升7.5cm定臀围线。

d. $H/4-1.2$cm定前臀围。

e. 前小裆宽加3cm。

f. 前横裆宽分1/2定裤中线。

g. 前横裆线（裤脾）下落31cm定膝围线。

h. 膝围（38cm-4cm）/2定前膝围。

i. 脚围（33cm-5cm）/2定前脚围。

j. $W/4+1$cm定前腰围另加0.5cm前腰吃势量。

k. 腰头高4cm。

② 女式锥裤后片结构

a. $W/4-1$cm定后腰围，另加2.5cm省。

b. $H/4+1.2$cm定后臀围，另加加工损耗0.5cm。

c. 前膝围加4cm定后膝围。

d. 前脚围加4cm定后脚围。

e. 其他部位参考图6-38。

③ 女式锥裤注意事项。仔细观察结构图，要做到后臀与大腿处平坦服帖、美观舒适。

a. 所有缝份1cm，下脚折边3.2cm。

b. 腰头有3块，前腰分左右（弯腰头）。

c. 拉链牌、里襟分左右。

d. 整件锁边。

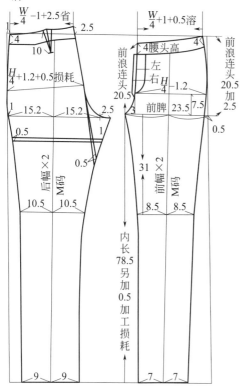

图6-38　女式锥裤结构设计图（单位：cm）
W—腰围；H—臀围

e.前后腰面、拉链牌、里襟粘衬。

f.腰头落坑线完成，腰头高4cm。

g.前中拉链完成11cm。

h.下脚挑脚完成。

i.腰头钮24cm。

j.腰头、门襟线需实样。

k.面料纸样合计块数7块。

2.款式二：女式牛仔喇叭裤结构设计

（1）款式描述

① 面料：棉、混纺。

② 弹性：低弹性。

③ 厚薄：常规厚度。

④ 长度：常规款。

⑤ 廓形：H形。

⑥ 款式特征：修身型，前片单开线插袋，翻脚。

喇叭形牛仔裤是传统的牛仔裤设计。腰线下降5cm，它的前身无省，有曲线形口袋，并在右袋内藏一小方贴袋。后身臀部无省，有两个大贴袋。这种造型的臀部很合体，因此选择低腰和喇叭形裤摆，同时由于这种造型采用弹性大而牢固的牛仔布，在结构处理上，通过育克使一省转移。另一省在后中线腰部做收缩处理。与此同时，前侧缝、前后裆弯都要适当收紧，臀部造型愈加贴身丰满。裤摆设计从髋骨线上移4cm，并收缩1cm开始算起，下摆按喇叭形结构处理（图6-39、表6-5）。

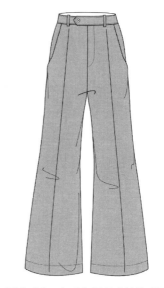

图6-39　女式牛仔喇叭裤款式图

表6-5　女士牛仔喇叭裤规格尺寸　　　　单位：cm

号 型	裤 长	腰 围	臀 围	立 裆	脚 口
165/66A	99	67	98	26	20

（2）制图要点

① 女式牛仔喇叭裤前片结构

a.裤长另加0.5cm损耗量。

b.前浪深20.5cm（立裆）。

c.立裆线上升8cm定臀围线。

d.$H/4-1.2cm$定前臀围。

e.前小裆宽加3.5cm。

f.前横裆宽（裤脾）分1/2偏前侧0.5cm定取裤中线。

g.前横裆线（裤脾）下落32cm定膝围线。

h.膝围（38cm-4cm）/2定前膝围。

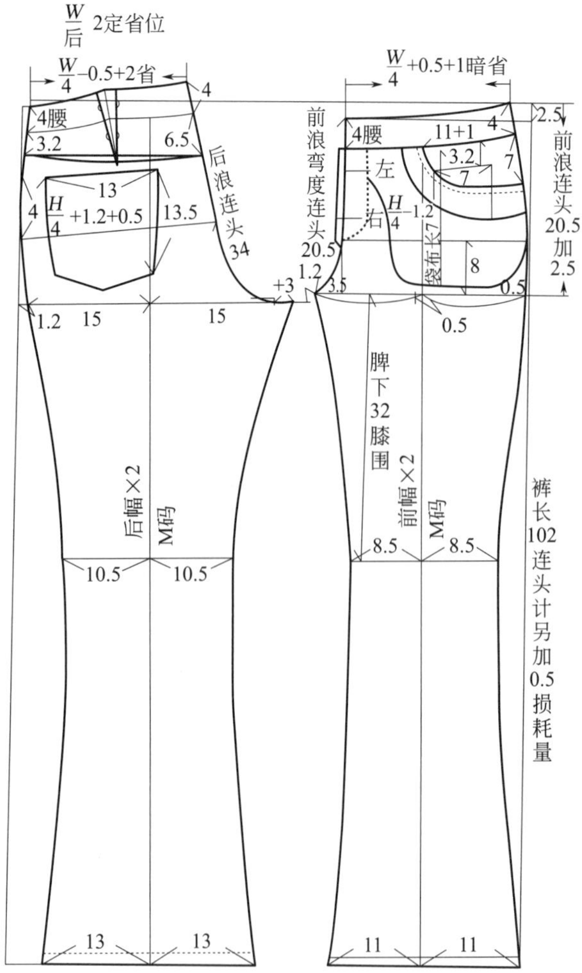

$\dfrac{W}{后}$2定省位

$\dfrac{W}{4}$-0.5+2省

4

4腰
3.2

6.5

13
$\dfrac{H}{4}$+1.2+0.5

13.5

4

后浪连头 34

后幅×2 M码

1.2 15 15

10.5 10.5

13 13

$\dfrac{W}{4}$+0.5+1暗省

4腰

11+1 4 2.5
3.2
7 7

前浪弯度连头

左
右 $\dfrac{H}{4}$+1.2 7

前浪连头 20.5 加 2.5

8

袋布长7

1.2 +3 3.5 0.5

0.5

脚下 32 膝围

前幅×2 M码

裤长 102 连头 计另加 0.5 损耗量

8.5 8.5

11 11

图6-40　女式牛仔喇叭裤前后片结构设计图（单位：cm）

W—腰围；H—臀围

表6-6　女时装裤规格尺寸　　　　单位：cm

号　型	裤　长	腰　围	臀　围	立　裆	脚　口
165/66A	101	68	110	28	16

b.$H/4$ – 0.5cm定前臀围。

c.$H/4$+1.5cm定前浪深（立裆）。

d.前脚线上升8cm定臀围线。

e.$W/4$+0.5cm定前腰（W为腰围，下同），另加2.5cm腰省。

f.前浪加高4cm定前浪底（前小裆宽）。

g.前裤脚线下32cm定膝围线。

h.前脚宽分1/2定取样中线（烫迹线）。

i.膝围（43cm-2cm）/2定前膝围。

j.脚围（43cm-2cm）/2定前脚围。

k.腰头弯腰，高3.2cm。

i.脚围（46cm-2cm）/2定前脚围。

j.$W/4$+0.5cm定前腰围，另加1cm袋口暗省。

k.腰头高4cm。

② 女式牛仔喇叭裤后片结构

a.$W/4$-0.5cm定后腰围，另加2cm省。

b.$H/4$+1.2cm定后臀围，另加0.5cm损耗量。

c.前膝围加4cm定后膝围。

d.前脚围加2cm定后脚围。

e.其他部位参考图6-40。

3. 款式三：女时装裤结构设计

（1）款式描述

① 面料：棉、混纺。

② 弹性：无弹性。

③ 厚薄：常规厚度。

④ 长度：常规款。

⑤ 廓形：H形。

⑥ 款式特征：修身型（图6-41、表6-6）。

（2）制图要点

① 女时装裤前片结构

a.裤长另加0.5cm加工损耗量。

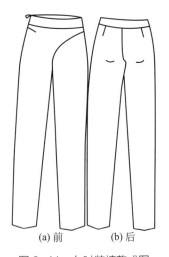

(a) 前　　　(b) 后

图6-41　女时装裤款式图

② 女时装裤后片结构

a.$W/4-0.5$cm定后腰围，另加2.5cm省。

b.$H/4+0.5$cm定后臀围，另加0.5cm损耗。

c.前膝围加2.5cm定后膝围。

d.前脚围加2.5cm定后脚围。

e.其他部位参照图6-42。

③ 女时装裤重点与难点

a.前腰省组合。

b.前中左侧分割线。

④ 女时装裤注意事项

a.所有缝份1cm。

b.下脚折边3.2cm。

c.前右分割组合到前右上。

d.前右腰省转移至右侧。

e.左侧至腰顶装隐形拉链。

f.腰头高3.2cm。

g.腰头面粘衬。

h.腰头需实样。

i.合计裁片纸样5块。

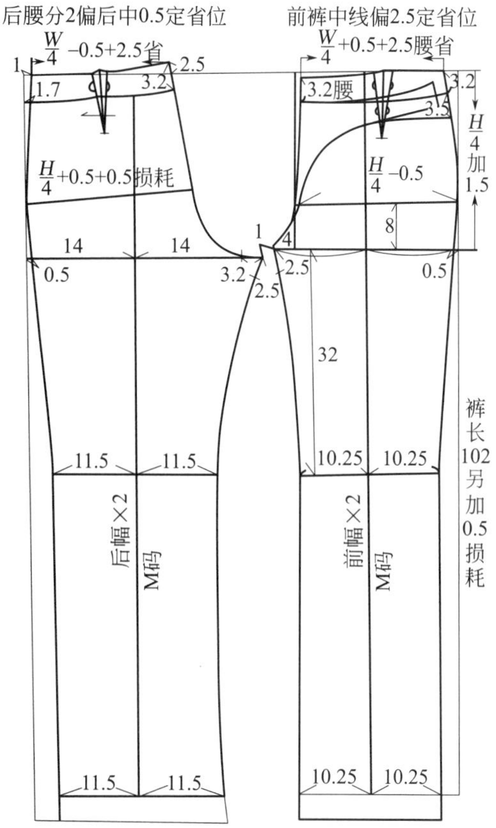

图 6-42 女时装裤结构图（单位：cm）
W—腰围；H—臀围

4.款式四：女无侧缝时装裤结构设计

（1）款式描述

① 面料：棉、混纺。

② 弹性：无弹性或低弹性。

③ 厚薄：常规厚度。

④ 长度：常规款。

⑤ 廓形：V形（图6-43、表6-7）。

表 6-7 女无侧缝时装裤规格尺寸　　　　单位：cm

号 型	裤 长	腰 围	臀 围	胸 围	立 裆	前腰节	后腰节	脚 口
165/66A	143	77	112	98	27	41	39	22

（2）制图要点

① 女无侧缝时装裤前片结构

a.裤长另加0.5cm损耗量。

b.$H/4+2.5$cm定前浪深（立裆）。

c.$H/4-0.5$cm定前臀围。

d.前脚线上升8cm定臀围线。

e.前浪底加高4cm。

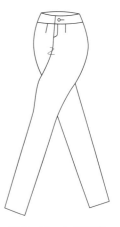

图 6-43 女无侧缝
时装裤款式图

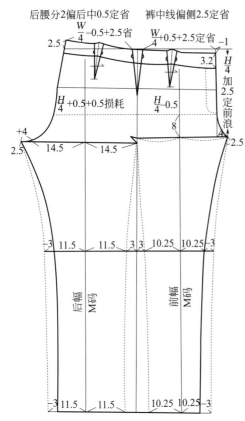

后腰分2偏后中0.5定省　　裤中线偏侧2.5定省

$\frac{W}{4}-0.5+2.5$省　　$\frac{W}{4}+0.5+2.5$定省

2.5　　　　　　　　　　　　　　　　　　　　－1

　　　　　　　　　　　　　　　　　　　　　3.2

　　　　　　　　　　　　　　　　　　　　　$\frac{H}{4}$加2.5定前浪

$\frac{H}{4}+0.5+0.5$损耗　　$\frac{H}{4}-0.5$

+4　　　　　　　　　　　　　　　8

2.5　　　　　　　　　　　　　　　　　　2.5

14.5　　14.5

－3　11.5　　11.5　　3　3　10.25　10.25　－3

后幅 M码　　　前幅 M码

－3　11.5　　11.5　　10.25　10.25　－3

图 6-44　女无侧缝时装裤结构设计图（单位：cm）
W—腰围；H—臀围

e.整件锁边。

f.腰头落坑线完成，高3.2cm。

g.前中拉链完成13cm。

h.腰头、门襟线需实样。

i.面料纸样合计5块。

5. 款式五：女式春秋裤结构设计

（1）款式描述

① 面料：棉、混纺。

② 弹性：低弹性。

③ 厚薄：常规厚度或薄。

④ 长度：常规款。

⑤ 廓形：V形。

⑥ 款式特征：腰头打褶（图6-45、表6-8）。

f.前脾宽分1/2定裤中线。

g.$W/4+0.5$cm定前腰围，另加2.5cm腰省。

h.膝围（43cm-2cm）/2定前膝围。

i.脚围（43cm-2cm）/2定前脚围。

j.腰头高3.2cm。

② 女无侧缝时装裤后片结构

a.$W/4-0.5$cm定后腰围，另加2.5cm省。

b.$H/4+0.5$cm定后臀围，另加0.5cm损耗量。

c.前膝围加2.5cm定后膝围。

d.前脚围加2.5cm定后脚围。

e.前后侧缝组合与其他部位参照图6-44。

③ 女无侧缝时装裤重点与难点

a.前后侧缝组合。

b.前后内缝处理。

④ 女无侧缝时装裤注意事项

a.所有缝份1cm。

b.下脚折边3.5cm，挑脚。

c.分前后腰2块，腰头粘衬。

d.里襟粘衬，拉链牌粘衬。

图 6-45　女式春秋裤款式图

表 6-8　女式春秋裤规格尺寸　　　　单位：cm

号型	裤长	腰围	臀围	立裆	脚口
165/66A	101	68	110	28	16

（2）制图要点

① 女式春秋裤前片结构

a. 裤长另加0.5cm加工损耗量。

b. $H/4+2.5$cm定前浪深（立裆）。

c. 立裆线上升7.5cm定臀围线。

d. $H/4-1.2$cm定前臀围。

e. 前小裆宽加4.5cm。

f. 前横裆宽分1/2定裤中线。

g. 前横裆线（裤脾）下落31cm定膝围线。

h. 膝围（61cm-5cm）/2定前膝围。

i. 脚围（75cm-3cm）/2定前脚围。

j. $W/4+1.2$cm定前腰围。

k. 腰头高6cm。

l. 前后腰头全部装橡根缩起计66cm。

② 女式春秋裤后片结构

a. $W/4-1.2$cm定后腰围，另加2.5cm省。

b. $H/4+1.2$cm定后臀围，另加0.5cm损耗量。

c. 前膝围加5cm定后膝围。

d. 前脚围加3cm定后脚围。

③ 女式春秋裤重点与难点

a. 前幅袋口碎褶量展开。

b. 前后幅侧缝下褶量（图6-46）。

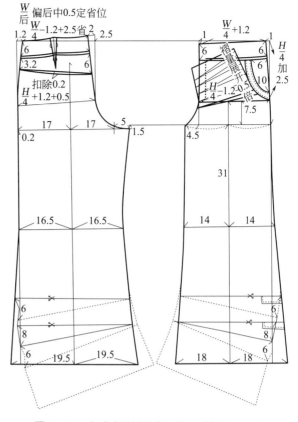

图6-46　女式春秋裤结构设计图（单位：cm）

6. 款式六：女式环浪裤款式一结构设计

（1）款式描述

① 面料：棉、麻、丝、混纺。

② 弹性：无弹性或低弹性。

③ 厚薄：常规厚度或薄。

④ 长度：常规款。

⑤ 款式特征：低腰（图6-47、表6-9）。

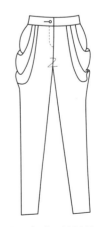

图6-47　女式环浪裤款式图一

表6-9　女式环浪裤规格尺寸　　　　　　单位：cm

号　型	裤　长	腰　围	臀　围	立　裆	脚　口
165/66A	100	68	115	28	14

（2）制图要点

① 女式环浪裤款式前片结构

a.裤长另加0.5cm损耗量。

b.$H/4+2cm$定前浪深（立裆）。

c.立裆线上升8cm定臀围线。

d.$H/4-0.5cm$定前臀围。

e.前小裆加4cm。

f.前横裆宽分1/2定裤中线。

g.前横裆线（裤脾）下落32cm定膝围线。

h.膝围（43cm-3cm）/2定前膝围。

i.脚围（43cm-3cm）/2定前脚围。

j.$W/4+4cm$定前腰围。

k.腰头高3.2cm。

② 女式环浪裤款式一后片结构

a.$W/4+5cm$定后腰围。

b.$H/4+0.5cm$定后臀围，另加0.5cm损耗。

c.前膝围加2cm定后膝围。

d.前脚围加2cm定后脚围。

③ 女式环浪裤款式一重点与难点：前后侧缝环浪尺寸控制。

④女式环浪裤款式一注意事项

a.所有缝份1cm，下脚折边3.2cm。

b.腰头一块粘衬。

c.里襟、拉链牌粘衬。

d.整件锁边。

e.前中拉链完成14cm。

f.腰头钮24cm。

g.下脚挑脚完成。

h.腰头、门襟需实样。

i.面料纸样块数5块（图6-48）。

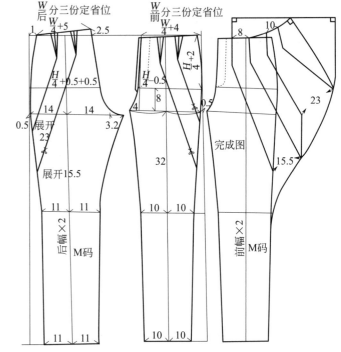

图6-48 女式环浪裤款式一结构设计图（单位：cm）

W—腰围；H—臀围

7. 款式七：女式环浪裤款式二结构设计

（1）款式描述

① 面料：棉、麻、混纺。

② 弹性：无弹性或低弹性。

③ 厚薄：常规厚度或薄。

④ 廓形：小A形。

⑤ 款式特征：低腰（图6-49、表6-10）。

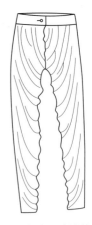

图6-49 女式环浪裤款式图二

表6-10　女式环浪裤规格尺寸　　　　　　　　　　　单位：cm

号　型	裤　长	腰　围	臀　围	立　裆
165/67A	102	69	104	28

（2）制图要点

① 女式环浪裤款式二结构（前、后片一致）

a.定取裤长。

b.计算腰围W/4，另加所需要的褶量。

c.前浪深（立裆深）一般定为39~40cm。

d.腰口每个褶量定在4~5cm。

e.注意有侧缝，无内缝。

② 女式环浪裤款式二注意事项

a.整件缝份1cm。

b.整件锁边。

c.下脚贴边2.5cm。

d.腰头高3.2cm。

e.腰头钮24cm。

f.面料纸样4块（图6-50）。

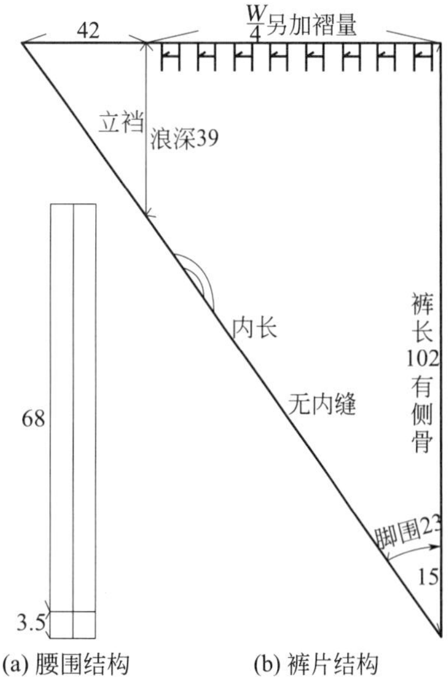

图6-50　女式环浪裤款式二结构设计图（单位：cm）
W—腰围

五、裙裤纸样设计

1. 裙裤的纸样结构特点

　　裙裤是裤装的简单形式，裙装的复杂结构。它在造型上追求裙装的风格，在纸样上仍保持裤装的横裆结构，由此形成裙裤独特的纸样特点。由于裙裤追求裙装的造型特点，裙摆的增加应该是均匀的，裙摆的均匀程度要受裙腰线曲度的制约，裙裤的底摆不能只在侧缝上追加。为了达到这个目的，裙裤腰臀之差的省量分配应和裙装相同，因此，裙裤的结构基础是裙装的基本纸样，其廓形范围也和裙装相同，即包括基本型、A形、斜裙型、半圆裙型和整圆裙型。裙裤仍是由两个裤筒的基本形式构成的，所不同的是裤筒的结构趋向裙装的结构，这就使得裙裤臀部的放松量随下摆的变化而变化。因此，裙裤臀围放松量的改善，使横裆容量增加，臀部前屈运动所需后身实用量出现剩余，裙裤纸样的后中线变成垂直线，后翘也就自然消失。总之，裙裤的结构是由裙装的基本结构形式加上适应裙装运动条件的横裆部分构成的。下面就具体的裙裤结构设计加以说明。

2. 裙裤的基本型

　　裙裤的基本型相当于裙装的紧身型，横裆的采寸为中性，所以在变化横裆时以中性作为基础，同时也可以作为裙裤的标准横裆结构进行各种裙裤的造型设计，因为它是根据裙装运动的基本要求设计的。

　　按照上述分析可直接采用裙装基本纸样设计裙裤的裆弯和内缝线（图6-51）。

　　（1）做前裆弯和内缝线。在前裙片的基础上从臀围线向下截取深等于臀围线到腰围线间距的

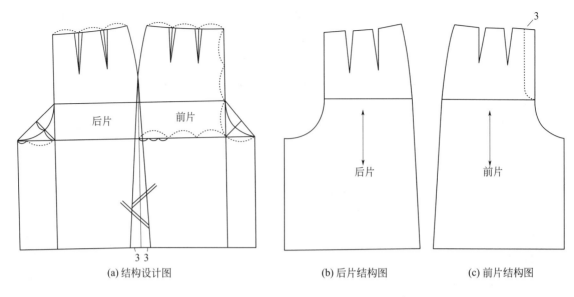

(a) 结构设计图　　　　　(b) 后片结构图　　　　　(c) 前片结构图

图 6-51　基本型裙裤结构设计图（单位：cm）

1/2 为横裆线。把前片臀宽分成三等份，在前横裆延长线上取其中一份为前裆弯宽，并连接前中线与臀围线交点作斜线，垂直于斜线到前裆弯夹角的线段中点为前裆弯的轨迹。最后用凹曲线画出前裆弯。从前裆弯止点垂直向下引线至裤摆为内缝线。

（2）做后裆弯和内缝线。在后裙片的基础上与前身对直，在后横裆延长线上，取前裆宽再加上该尺寸的三分之一为后裆弯宽。后裆弯曲线及内缝线参考前身制图。

前后侧缝线分别在侧摆起翘 3cm 修正完成。保留裙装基本纸样中的四个省，在裙裤施省的结构设计中可以运用省移原理。裙裤的腰头设计与裤装相同，即裙裤纸样的腰部含有部分腰头量。

3. A形裙裤

如图 6-52 所示，A 形裙裤和 A 形裙的纸样处理方法相同。把腰部省移入下摆，修正侧缝翘度使之呈 A 形裙摆，裆弯结构仍采用一般裙裤的横裆。最快捷的办法就是用 A 形裙纸样加上横裆。

变动裆弯取决于设计师对横裆作用的理解，即横裆越窄对外观牵制越大，而趋向裤装外形，臀部体型显露，相反就越具有装饰性并接近裙装的外观，这要根据设计师的设计意图而定。另外，裤摆通过省移增加，侧缝也适当增加，这是按照裙装号型的平均原则进行的。但是在内缝线增加摆时要慎重，因为裙裤的内缝

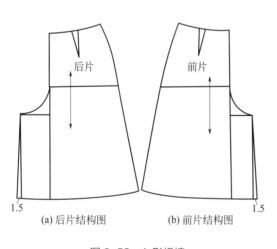

(a) 后片结构图　　(b) 前片结构图

图 6-52　A 形裙裤

线在两腿之间，如果在此增加过多的摆量，在运动时会增加摩擦，不活动时也会在两腿之间聚集很多褶而影响舒适和美观。因此，裙裤内缝线的摆量应以不加或少量增加为宜。根据这种实用要求，确定了裙裤下摆增幅原则：无论裙裤下摆如何变化，内缝线相对稳定。由此构成裙裤下摆增

幅趋向两侧扩展的造型特点。故由基本型裙裤到整圆型裙裤，摆口的系列造型呈环形放射状（图6-53）。

4. 斜裙裤

斜裙裤和斜裙的纸样处理方法相同。将两省全部移入裤摆，修正侧缝线，其裆弯采用一般裙裤的横裆结构（图6-54）。

5. 半圆裙裤和整圆裙裤

有了半圆裙和整圆裙纸样设计的经验，半圆裙裤和整圆裙裤的结构便不难理解，只要在半圆裙和整圆裙的基础上增加裙裤的横裆结构即可（图6-55）。

上述四种裙裤的结构是按裙形的基本廓形要求设计的，可以说它是对裙裤造型结构的总体把握，如果结合省移、分割和打褶的原理以及运用综合的设计手段，将使裙裤的造型更富有表现力，更加丰富多彩。

六、裤装的腰位、打褶和分割的应用设计

如果说作用于裤装廓形的结构设计是对其造型的总体把握，那么，裤装的腰位、打褶、和分割就是对其结构的局部处理。然而，这不意味着总体和局部结构的关系不大，恰恰相反，它们正是在这种关系非常紧密的情况下存在着的。一般来讲，裤装的总体结构制约局部，而总体造型又依赖于局部结构来强化。下面就具体的设计加以说明。

1. 裤装腰位的设计

裤装的腰位是指以裤装（包括裙裤）的正常腰线位置为准上下浮动的腰线设计。裤装的腰位变化有三种，即高腰、中腰和低腰。但是在选择不同腰位设计时不能孤立对待，通常要和裤装廓形的选择相协调。如果对腰位的各种造型特点加以分析，就可以找出这种协调关系。

就高腰裤而言，这种腰位虽然比一般裤装的腰位要高但实际上腰线并没有改变，因此在结构上腰部形成菱形省，造型呈现臀部流线型。由此可见，高腰是对女性臀部造型进行强调的设计。

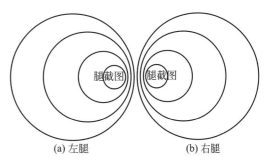

（a）左腿　　　　（b）右腿

图 6-53　裙裤下摆的增幅规律示意

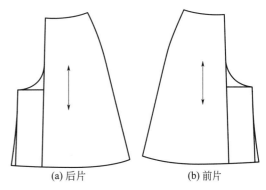

（a）后片　　　　（b）前片

图 6-54　斜裙裤结构设计图

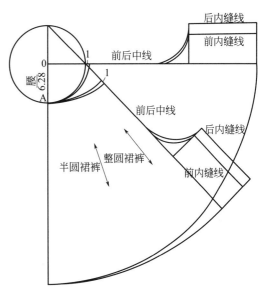

图 6-55　整圆裙裤与半圆裙裤
结构设计图（单位：cm）

为了强化这一个性，裤装的廓形应选择倒梯形（锥形裤）。

低腰裤的腰位设计和高腰裤相反，腰位在正常腰线以下，这时不仅臀部高度减少，而且臀腰差也减弱，收省处理就不会十分明显，因此，臀部流线型特征趋于平直、简练，表现出一种男性化特征。为强调这一个性，低腰裤装的廓形应选择梯形和大直线设计。例如喇叭形裤的裤装适合用低腰而不采用高腰结构就是这个道理。

中腰裤的腰位和人体的实际腰位相吻合，因此中腰裤的廓形选择较为灵活。筒形裤的设计通常选择中腰，同时中腰结构也可选择锥形裤和喇叭形裤。中性的廓形（筒形裤）对腰位的选择也是灵活的。如筒形裤除中腰外也可选择高腰或低腰结构。

下面着重介绍高腰裤和低腰裤的纸样设计。

（1）高腰裤。按上述高腰的结构分析，腰位只要高于正常腰位都被看作是高腰，只是腰高的程度不同。高腰裤的裤口采用窄摆设计。为了不破坏臀部的流线型设计，口袋和开口都并入侧缝线，前后各设四省。

高腰裤的纸样设计采用裤装的基本纸样先将裤口做窄摆，同时也截短裤腿，然后将腰位前后平行提高5cm，在实际的腰线上做菱形省。把前身的原省量一分为二，后两省保持不变，同时在高腰两侧做少量的收腰处理。另外，为了不影响腰部运动，后高腰中间设小开衩（图6-56）。

（2）低腰裤。低腰裤采用的廓形为喇叭形。由于低腰裤腰位下降使臀部尺寸收缩，前腰无省，后设一省。由此可以看出，只有选择低腰设计的时候，前裤片才有可能无省，这是因腹凸离实际腰线本来很接近，当选择低腰时，腰位和腹凸几乎处在同一区域，因此腹腰之差减少，省的作用就减弱。臀部省量虽也同时减少，但因臀凸大而低，剩余的省就多，这是低腰裤结构前腰无省、后设一省的必然结果，在款式上采用明门明袋设计。

从图6-57来看，腰位在基本腰线以下6cm，前片腰位降低以后，残留的省量并入侧缝，后片残省合并为一省，省位取中。裤摆从髌骨线向下2.5cm，同时将裤摆加长6cm至足面，并对裤口线做前凹后凸的处理。腰头直接从腰部纸样截取并省获得。

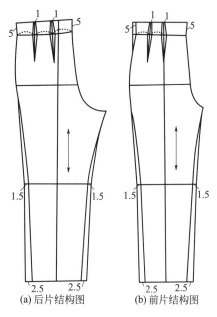

图6-56　高腰裤结构设计图（单位：cm）

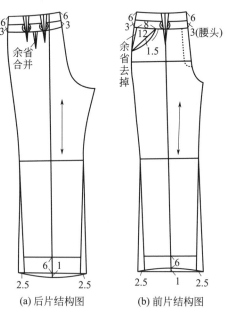

图6-57　低腰裤结构设计图（单位：cm）

2. 裤装打褶的设计

裤装的打褶设计，一般多在中腰裤上采用，因为中腰裤的适应性最强，容易和褶的变化特点相结合，而且中腰作为固定褶的位置最理想。裤褶的分类和裙装相同，即自然褶系和规律褶系。不过在运用褶的范围上，裙装远远超过裤装。裤装常用的褶是活褶和缩褶，偶尔也用裥褶和波形褶。裙裤打褶的范围和裙装一样广泛。

裤装打褶所选择的廓形主要是倒梯形和菱形，即上下收紧，中间放松。下面就裤装作褶的设计实例加以说明。

（1）暗裥。暗裥是指暗活褶，通常褶缝是对折的，它属普力特褶。暗裥结构能增强裤装的运动功能和造型情趣。松位设在前脊椎线，上下畅通，前腰省并入褶中，收褶后要通过熨烫固定褶边，并缉明线，含省的折裥段和裤摆折裥段缉线固定，使腹部和裤脚合身。为了达到表现效果，折裥量不宜过小。后裤片采用基本型，口袋、开口都设在侧缝（图6-58）。

从暗裥裤的结构看，很难理解它的菱形特征，但成型之后，由于暗裥的中间部分可以随人体的运动自然打开而显得膨胀。另外，在选料上，褶裥和面布可以选择同质异色的面料，以增加暗裥的表现力。

（2）缩褶和波形褶。这两种方式很少直接运用在裤装的设计中，而多在裙裤中出现。或者经常结合分割结构在裤装或裙裤中加以运用。这主要为了强调自然褶的肌理与分割的平整感所形成的对比。

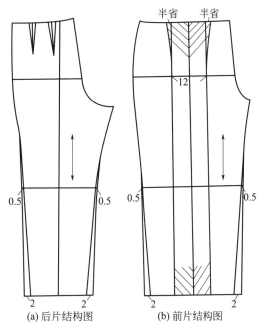

图6-58　暗褶裤结构设计图（单位：cm）

3. 裤装和裙裤分割的设计

分割裤是用不同的线条分割出不同的造型，使省结构变成分割结构，并不与任何打褶结合，而产生一种简洁的分割情趣。育克裤就是强调这种风格的设计。设计中育克线分布在臀部，显然是为了使臀部造型合体和去除省缝的考虑。处理纸样时，在裤装的基本纸样上做出分割线，运用省移原理，使前后省量移入分割线中，修整育克腰线和分割线。后身截取育克后余省侧缝和后中线。由于采用中腰设计，所以选择中性裤摆。

育克实际上是分割的一种特殊表现，分割线比纯粹的省缝更具有装饰性和造型性，育克只是这种造型的特定形式，在裤装结构中它只用在腰臀部位。

前面谈到裙裤的分割通常和褶结合使用，而且可以和任何形式的褶结合设计。另外，育克有高腰育克和一般育克之分，前者正置腰线上下，结构较复杂；后者是通过分割移省完成的。无论是哪种育克，它们与褶结合的范围都是很广泛的。

在设计中可以发现，育克的分割线应用灵活。特别在后身，育克线在凸点和腰线之间，按照育克的贴身原则，不能使臀省全部转移掉。但是这种设计可以使余省通过相邻的普力特褶结构处理掉。可见，分割线作用于凸点不是绝对的，只要其综合条件符合塑形的要求，分割就是合理的。

育克与活褶结合的设计是在裤装基本结构的基础上进行的，其廓形采用锥形裤结构。在前裤片先做高腰育克的分割并设省缝，剩余纸样用切展的方法增加腰部的三个活褶，其中间和挺缝线合并。后身育克为一般育克设在腰线以下，分割时要注意与前育克构成整体，后身截掉，所余省量保留，并合并成一省。裤口收紧，并做翻脚处理。口袋设计在前育克线和侧缝之间作袋口线。前育克中设三粒扣搭门（图6-59）。

另外，用同样的纸样处理方法，把前身的活裙改成缩褶工艺，后身缩褶量通过切展增加到与前身缩褶量相近，就完成了育克与缩裙结合的裤装纸样。

裤装采用分割设计更多地用在合体和塑形上，如马裤、牛仔裤的分割线都体现出这种功能。同时，为了某种裤装的特殊造型而采用分割结构也是很常见的，但一般不是纯装饰性的，而是带有某种功能性，如布料的限制、特殊功能、特殊场合和顾客的需求等。

如分割鱼形裤是一种综合利用多片分割所设计的变体裤（图6-60）。在前后片的臀部从侧缝起顺至前后挺缝线做弧线分割，在结构上使裤装前后片各一分为二，以利于省的消除，同时又使裤摆能够均匀增加褶量。

纸样设计是在裤装的基本纸样中进行的。依据对生产图的理解，做前后片的分割线，分布在臀部的分割线要与臀腹凸相对应，以降低移省后的纸样变形，然后把前后的省量通过省移并入各自的弧形分割线中修整。裤摆波浪褶的增加是在前后髋骨线下移4cm的分割线中两边平衡起翘，翘度是根据褶量的多少灵活设计的，同时增加裤长至脚面。开口居中，口袋设在侧缝。

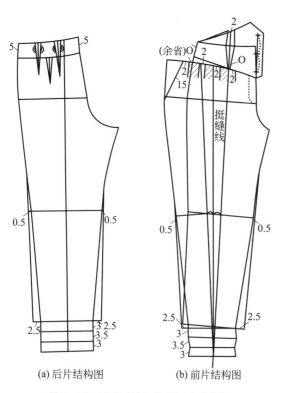

图6-59　高腰育克与缩褶结合的裙裤
结构设计图（单位：cm）

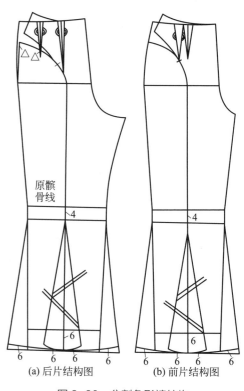

图6-60　分割鱼形裤结构
设计图（单位：cm）

图6-61是分割鱼形裤纸样展开图。

从这个例子可以看出，裤装的分割功能同样能达到裙装的造型效果，只是要顾及人们的审美习惯。

4.连体裤

连体裤是一种特殊结构。在设计时，必须使上身简化，通常上身和裤装只用两条带子连接，所以又称背带裤。

另外，由于连体裤的结构特殊，采寸也就很苛刻。首先，裤装和裙裤的连体设计，都要运用各自的采寸范围，例如裤装的后翘在连体设计时仍要保留，裙裤的横裆宽度不能随意缩小。其次，无论是裤装还是裙裤，在选择连体结构时，都要在上身与

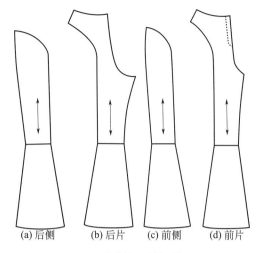

图 6-61　分割鱼形裤纸样展开图

下身会合的腰部追加2cm的活动量。这两项设计的考虑是：裤装和上身形成一体时，由横裆通过肩部把前后身封锁在一个环形结构中，腰和臀的活动范围也在其中。但是这种处理往往使裆深加大，不利于腿部的运动，因此，常采用调解扣和牵带结构。

图6-62所示是背带裤结构设计图。背带裤的连体方式是裤装和上身连接，后身腰线上下平行间隔2cm，后中线对接，前身腰线上下合并，前中线对接使用。腰部结构类似高腰，但腰线断缝保留，前省含在腰中为松量。另外，由于上下身连成一体，后身腰部可以将一省从裤侧腰去掉，余省成为放松量，以增加运动功能，牵带是为提高裆深的调解作用而设计的（图6-63）。

连体裤如果运用裤装的廓形和局部进行综合设计，其造型表现非常具有个性化。不过这种表现也只在腰线以下的范围，因此，要想使上身具有表现力就应使上身造型成为主体。

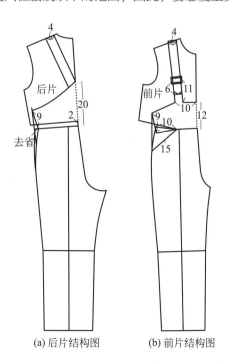

图 6-62　背带裤结构设计图（单位：cm）

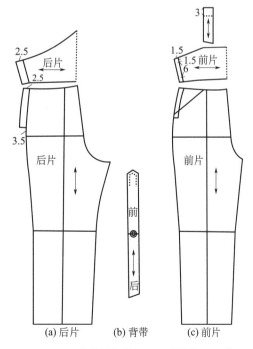

图 6-63　背带裤纸样展开图（单位：cm）

第七章
上衣纸样设计原理及应用

任何一种事物都遵循其固有的规律而存在着，服装亦是如此。人们习惯将服装的基本纸样称为原型，也就是基本样和母板。原型本身无任何款式意义，用它缝制的服装只是基本造型。以原型为基础，根据一定的变化原理，可以设计出各种服装款式的纸样。本章全面分析了上衣基本纸样的凸点射线与省移原理，其中核心问题是省的变化规律。本章主要讨论应用该原理做省的展开设计以及由于该原理所影响的一系列结构设计变化和处理方法。

第一节　上衣基础纸样

一、原型的取得

所谓原型就是指人体体表各部位形状展示的平面图形，也就是人体造型的平面体现，它构成了人体各部位比例关系的平面数据。服装原型是研究服装与人体相互关系的依据，是服装设计师必须掌握的知识。原型设计是服装结构设计的基础，如果对原型不了解，或掌握得不够熟练，就会影响到结构设计的准确性和规范性。以原型展示的方式进行学习，才能直观体会到立体形状到平面原型图的变化关系，才能更容易理解原型知识。在掌握原型的基础上，再根据人体活动规律和服装款式的具体要求适当地增加放松量，才能设计出结构合理、造型美观、穿着舒适的服装。

如何有效地取得原型，不同的设计师各有自己的一套方法，有时在理解原型的问题上也不尽相同。作为一门课程的重要环节，它应具有一定的科学性和规范性，就从结构设计规律来看，取得的方法只是由立体到平面，再由平面到立体的过程。

1. 裱塑法

裱塑法是将纸或其他材料裱糊在人体模型架上，待干以后再将立体纸型（或其他材料制作的造型）按照服装结构的要求将它剪开进行平面展示，这样就可以制成服装原型了。

2. 布塑法

布塑法是用面料在人体模型上贴身塑形，找到一些基准点、线，如颈围、腰围、胸围、腕围、袖窿、颈椎点、领切点、肩中线、乳缝点、侧缝线、肩颈点等，然后画好点、线，并将多余的部分用线缝好做出标记，然后取下做平面展开即可制成服装原型。

二、分割与上衣凸点

分割线有两种基本形式，即直线分割和曲线分割。应用上衣凸点射线与省移原理的结构设计，大体上有两种形式，即分割和作褶。按照凸点射线的要求，无论分割线的形式怎样变化，都应设在与凸点有关的不同位置，通过省移获得立体的断缝结构。

1. 直线分割

所谓直线分割是指成型后所呈现直线关系的造型效果，也就是说在通过省移处理后的平面纸样的断缝不是直线，但是当把该纸样加工成服装时，则给人以直线分割的感觉。因此，直线分割和曲线分割没有绝对的界限，这需要通过具体的设计才能理解。就公主线的结构而言，其造型感觉为直线分割，而在纸样中则显示为曲线特征（图7-1）。

利用上衣基本纸样最初的公主线分割，虽是直线，但没有结构意义。前片的分割线通过乳点，后片则通过肩胛点，利用省移的方法将前片全省并入前分割线中，后片肩胛省和背省并入后分割线中，修整结构线。这时纸样中的直线就变成了曲线。另外，这种把全部省量都处理在分割线中的设计，说明

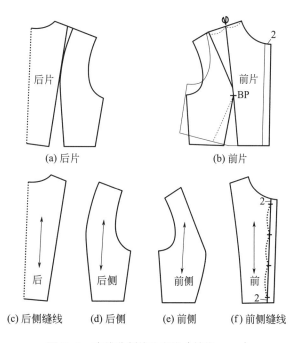

图7-1 直线分割的公主线（单位：cm）

这是一种较贴身的结构处理（外衣类）。对此，如果灵活使用，以全部省作为内限，断缝中消除省量的多少标志着贴身的程度。由此，产生胸省用量与前后腰线对位、前袖窿开度的制约关系。

上衣基本纸样前后片腰线并不贯穿在一条直线上，前片腰线的中部多出一部分乳凸量，当把乳凸省做完后前后腰线才能呈现水平状态，前后侧缝线才能对齐（图7-2）。乳凸省不代表全省，它是全省的一部分。当使用全省时，前后侧缝线对位亦呈现平衡状态（图7-3）。

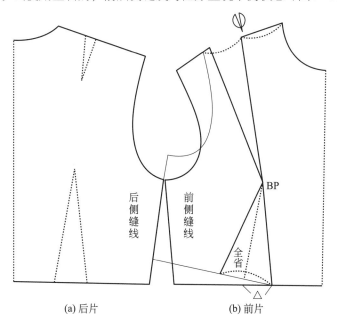

图7-2 乳凸量转移后侧缝线对齐图

注：△为乳凸省移出去之后余下的部分，可以理解为胸腰差和设计量。

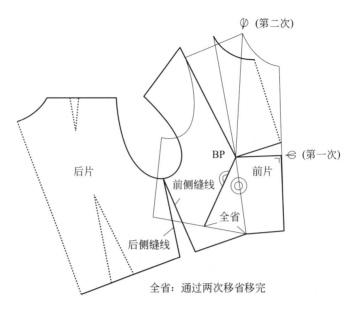

图7-3　全省转移后侧缝线对齐图

　　也就是说，当使用大于乳凸省的任何种省量都不会出现前后腰线和侧缝线的错位问题，只有当前片省小于乳凸省量时，才会出现前后腰线和侧缝线的错位。在这种情况下，原则上后腰线要同前片最低的腰线取平，使乳凸量仍归于胸部，也就是说，纸样中虽然没有把乳凸量用完，但乳凸是客观存在的，因此应把没有做完的那一部分乳凸量保留。但同时也会出现前后侧缝线错位的情况，这时应以后侧缝线为准，开深修顺前袖窿曲线（图7-4）。

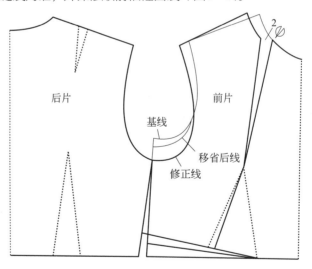

图7-4　设省小于乳凸量的对位

　　由此可以得出这样的规律：从理论上讲，乳凸省施用量构成上身前后片对位修正的依据。当施用大于乳凸省，小于全省之间的省量时，前后腰线和侧缝线对位保持平衡，成为贴身或半贴身设计；当施用小于乳凸的省量时，应以前身最低腰线为准，前袖窿错位的部分去掉，使其增大。换言之，乳凸省收得愈小意味着愈宽松。从合理性来看，袖窿应开得愈大，直至无胸省设计时，使该省全部变成前袖窿深度，这是该结构变化的必然规律（图7-5）。

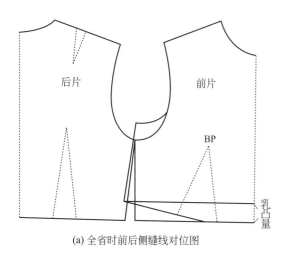

(a) 全省时前后侧缝线对位图

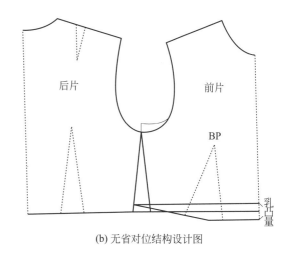

(b) 无省对位结构设计图

图 7-5 无省对位图

然而，在实际应用时，由于造型的需要，使用乳凸量往往是保守的，否则胸部造型显得不丰满。因此在做胸省后，无论前腰线剩余乳凸量有多少，后腰线都要以余量的一半作为前后片实际腰线的对位标准。这种规律特别适用于无省的结构设计（图7-6）。

如图7-7所示就是这样一个实例。它是采用胸腰差做省，其直线的分割位置就不一定通过乳点，对位点应以前腰线乳凸量1/2为准，前袖窿错位部分修掉。这种设计强调腰曲线造型，而有意削弱胸部的曲度。如果要想达到既强调腰部曲线又突出胸部的造型，就可以利用侧身结构线加乳凸省的组合设计（图7-8）。但它与图7-9

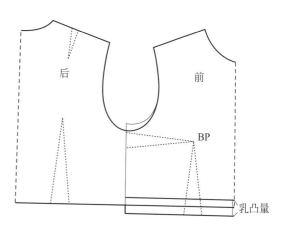

图 7-6 无省纸样设计前后的对位应用

中的造型结构有所不同。前者未做乳凸省，前后腰线对位，以前腰线乳凸量1/2为准，使前袖窿加

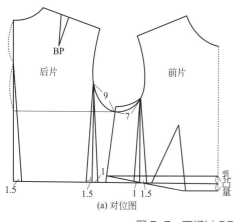

(a) 对位图

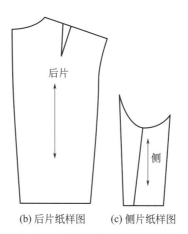

(b) 后片纸样图　(c) 侧片纸样图

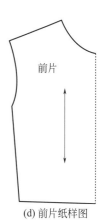

(d) 前片纸样图

图 7-7 不通过 BP 直线分割的对位图（单位：cm）

深，胸部显得宽松；后者是通过乳凸省的转移来取得前后腰线的平衡，前袖窿深度不变。

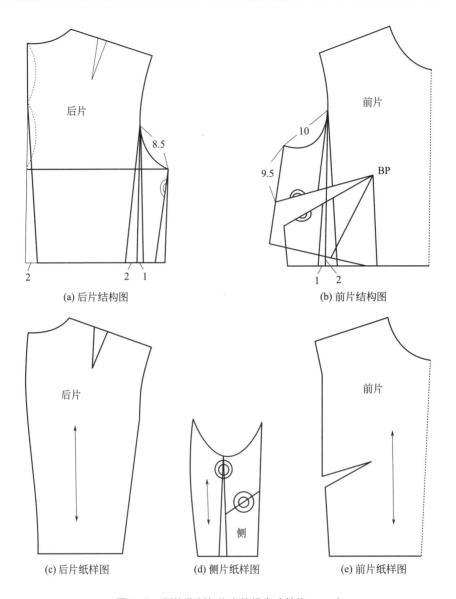

(a) 后片结构图

(b) 前片结构图

(c) 后片纸样图　　　　(d) 侧片纸样图　　　　(e) 前片纸样图

图 7-8　侧体分割与胸省的组合（单位：cm）

　　分割与胸凸、腰线、侧缝线对位的关系，对整个胸部的结构设计具有指导性，同时又是验证分割线合理性设计的依据。如具有装饰性分割的设计其装饰性要依据立体的结构基础。

　　如图 7-9 所示是装饰性直线分割的例子。当装饰性直线在上身分割时，要把握一个基本原则，即装饰美与结构立体的塑造功能的统一。因此，这里的装饰性直线分割的设计是符合上衣凸点射线与省移原理的。根据生产图来判断，后片的育克线设计和肩胛凸有关，前片的"凹"字形分割线是作用于乳凸的，在结构设计中要充分考虑这种组合的合理性。纸样的处理利用上衣基本纸样，前片通过乳点做"凹"字形分割，后片通过肩胛点做水平线分割，然后把前片乳凸量移入"凹"字分割线中，使腰线持平。后片腰线与此对位，将肩胛省移入育克线中，修整纸样。为取得与分割线造型的统一领口开成方形。

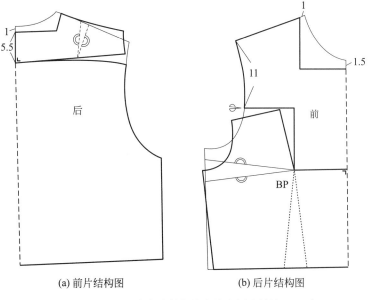

(a) 前片结构图　　　　(b) 后片结构图

图 7-9　利用侧缝省的装饰性直线分割（单位：cm）

2. 曲线分割

曲线分割与上衣凸点曲线分割、直线分割在造型上仅是形式和处理技巧的区别，但其结构变化的基本规律是完全相同的。曲线分割是为了达到服装成型后有明显曲线的造型所进行的纸样处理。图7-10是一个曲线分割的公主线结构，它与直线分割的公主线结构相比，只是在形式上有区别，即直线和曲线的区别。由于各自所使用的省量都是全省，所以在立体效果上很相似（贴身程度相同）。

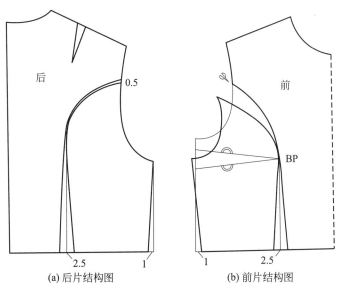

(a) 后片结构图　　　　(b) 前片结构图

图 7-10　曲线分割的公主线

在纸样设计时，根据生产图的造型，使用前片基本纸样，画出通过乳点的公主曲线；然后把乳凸省移入分割线中，使腰线持平。腰部剩余的省保留（全省除去乳凸省的部分）。修整移省后形成的断缝曲线，原则上两条断缝曲线的弯度有明显的差别，这是构成胸部凸起的结构特征。后片纸样也做曲线分割，将背省并入曲线中，肩胛省保留，后中断缝做装拉链处理。由此可见，我们可以依照胸凸射线和省移原理，设计出更富有变化的公主曲线结构。

3. 直线与曲线结合的分割

前面讲过，上衣的分割形式没有绝对的界线，因此，上衣分割结构往往是直线和曲线结合的更为普遍。如果善于利用这种综合手段，就会使分割设计更富有表现力，但是无论是单一分割还是组合分割，都不能违背它的基本结构规律。

图7-11是一个典型的直线和曲线结合的分割设计。如果对其基本结构原理一无所知的话，很可能将其认成纯装饰风格的分割设计。实际上，这是一个很有说服力的装饰与塑形相结合的设计，也就是说这些所谓的装饰线，最终没有脱离立体型的结构特征。因此，该装饰线的结构处理亦根据凸点原理设计，这在纸样处理中会看得更清楚。

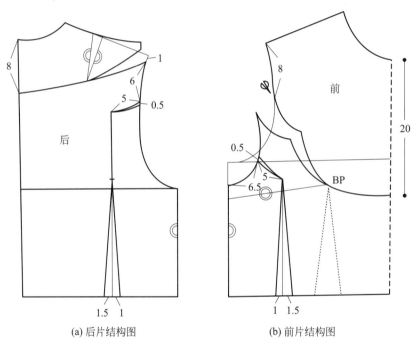

(a) 后片结构图　　　　　(b) 前片结构图

图7-11　直线和曲线的组合分割（单位：cm）

确立了上述分割结构的设计原则，纸样处理就不会按纯装饰线对待了。在基本纸样分割时就要考虑到无论分割线的组合多么复杂，其作用的部位应是人体的基本凸凹点。图7-11中前身拱形曲线通过BP点，另外的直线分布在两侧并做收腰处理。后片的拱形线通过肩胛点，直线对应前片在两侧亦做收腰处理。然后将乳凸和肩胛凸的省移入拱形分割线中，前后侧缝线合并成整体侧片。

本例说明在服装造型中，无论是追求装饰线还是结构线，都不应走向极端，而应努力找出它们最佳的结合点，因为两种线性特征在服装造型中有异曲同工之妙。

三、作褶与上衣凸点

作褶与分割可以说是一种功能的两种表现形式："一种功能"是说"打褶和分割"，所采用的结构原理相同，作用相似；"两种表现形式"是指它们所呈现的外观效果各异。所以认为褶仅仅起装饰作用是不够准确的，至少对褶的功能范围缺乏理解。特别是在上衣作褶，其功能作用尤为重要。

上衣作褶采用缩褶和活褶形式较为普遍，这是由上衣形体结构的复杂性所决定的。普力特褶虽也常见，但一般与余缺处理的关系不大，因此它更多的是用在上衣较宽松的结构中。

上衣作褶一般是通过省移获得的。但褶与分割、作省不同，它具有强调和装饰的作用。因此，在结构处理上，一般是通过增加设计量加以补充。下面通过具体实例加以说明。从图7-12的纸样设计中不难理解，前中缩褶在功能上是为了胸部隆起，同时可以改变一般的省、断缝结构而突出缩褶的华丽风格。纸样设计是把前片的全省移至前中线特定位置，并将该线修成凸曲线，以利于缩褶的工艺处理。需要注意的是，前中缩褶的范围要对应胸凸位置，并用对位符号加以限定。后片纸样采用全收省结构。

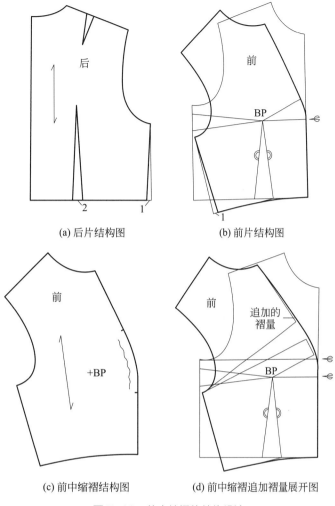

(a) 后片结构图　　(b) 前片结构图

(c) 前中缩褶结构图　　(d) 前中缩褶追加褶量展开图

图 7-12　前中缩褶的结构设计
（前片需要追加褶量时用切展方法）（单位：cm）

如果前胸缩褶使用全省量不足以表现缩褶的效果，就需要在此基础上额外追加褶量。纸样的处理是用切展方法在前中线需要增褶的部位剪开至边线，张开的部分就是追加的褶量，张角越大增加的褶量就越多，但褶过多会使容量增大，胸凸部分难以充满，易产生空洞感。

通过这个实例可以得出，上身缩褶的用量尺度，即作用于胸凸缩褶量不宜少于全省，这主要是基于缩褶的表现效果考虑的。根据这一规律，运用胸凸射线与省移原理可以获得更丰富的胸凸缩褶设计。

另外，缩褶结构可以和活褶互换使用，前中活褶设计和前中缩褶设计在纸样的处理方法上相同，只是作褶工艺有所区别。

裥褶与缩褶、活褶在上衣设计中有明显的用省范围。缩褶和活褶一般用在较合体的衣服结构中，裥褶一般用在较为宽松的设计中，这是因为贴身结构不利于发挥裥褶特有的悬垂性和有秩序性的飘逸风格。

图7-13是半宽松与裥褶相结合的设计。

在结构处理上，为了达到胸省和裥褶的结合，褶位应使用在有利于合并省的位置上，所以纸样中前胸8个褶的边褶均设在通过胸凸的位置。根据普力特褶半宽松的结构要求，首先将一半乳凸量的省移到通过乳点的肩部褶位，再分别平衡、平行增加各暗褶量，后片腰线与前片最低腰线对齐，将前片袖窿的错位部分去掉。普力特褶在自然状态下呈现出有秩序的阶梯状态，当人体运动时，褶随之张开，这就是褶的真正价值所在。上衣设计如果抛开褶槽的排列性，就成为单一的裥褶结构，这种结构使"张合"的功能得以集中地表现出来。这种结构选择通常有两种可能，一是有省制约的，二是无省制约的。前者是在贴身情况下选择的肩褶，如猎装；后者是在宽松的情况下选择的肩褶，如夹克。

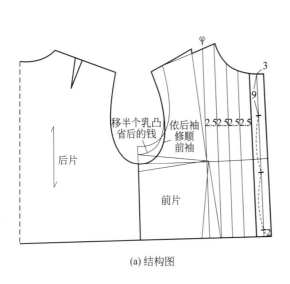

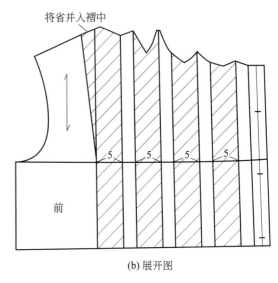

(a) 结构图　　　　　　　　　　　　　　　(b) 展开图

图7-13　半宽松与裥褶相结合的结构设计（单位：cm）

图7-14是一种贴身的肩褶设计。把裥褶设在肩部是手臂前后活动的缘故，同时由于贴身的要求，前肩褶量由全省转移获得，后肩褶量通过背省转移合并肩胛省完成。在工艺上运用活褶的处理方法，才能显示其张合的功能作用。宽松的肩褶设计与贴身的肩褶设计有所不同，肩褶结构不是通过省移获得，而是根据活动需要确定褶位，褶量不涉及省量而直接增加，这种结构设计在运动服中比较常用。

上述所举的例子都是分割与缩褶的综合结构。分割与塔克褶的结合可以与此互换。分割与普力特褶的组合更多的是用在宽松的结构设计中，因此不需要运用凸点射线与省移原理，而表现出结构的直观性和随意性。

通过上述上装凸点原理的纸样设计，我们应确立一种服装结构的功能意识：无论是分割、打褶、作省，还是综合结构设计，都要建立在功能的价值之上，否则所采用的形式就变成了无本之木、无源之水。在结构处理上，直线分割、曲线分割、缩褶、波形褶、塔克褶、普力特褶等可能都出自一种结构原理，却不能在同一个设计中对两种形式同等

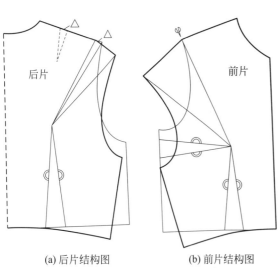

(a) 后片结构图　　　(b) 前片结构图

图7-14　肩褶结构设计

重视，因为这样会削弱各自的性格而缺乏特色。为了获得这方面的知识，我们通过领口、袖窿的采形与结构处理的综合分析和训练加以理解和把握。

第二节 领口与袖窿的纸样采形

一、领口和袖窿采形与上衣结构的造型分析

领口与袖窿采形通常是在无领无袖的情况下进行的。领口和袖窿在结构上虽然简单，但在人们的视觉中是比较敏感的，从这一点上看领口和袖窿的采形是要特别慎重的，它能反映出设计师的设计水平。

因此，设计师首先应提高自己的审美意识，追求服装造型的高尚自然格调，避免那种不合时宜的暴露和虚荣；其次要掌握一定的造型设计知识，如设计基础、平面构成、色彩构成等。本节以一般的形式美法则作为指导，即追求和谐与多样性的统一。

实际上，和谐与多样性统一都是为了寻求一种秩序。那么，在领口、袖窿采形与整体结构关系的处理上，就是创造一种"线"的秩序。更具体地说，在整体的分割结构中有直线和曲线，它们各自的性格是显而易见的。那么，领口和袖窿在采形上应和整体结构特征统一。就领口来说，当服装采用整体直线的主题时，领口常采用直线形开领；相反，如服装的整体为曲线结构，领口线应显得柔和；当直线、曲线并用时，应根据多样性统一的原则，处理好造型的主次关系，使整个设计具有鲜明的造型特色（图7-15～图7-17）。

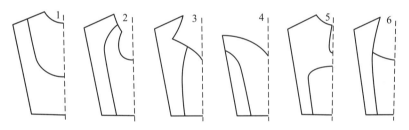

图 7-15 以曲线为主题的领口采形和结构线的组合设计

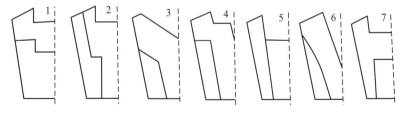

图 7-16 以直线为主题的领口采形和结构线的组合设计

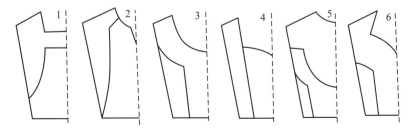

图 7-17 综合曲线和直线的领口采形和结构线的组合设计

改变圆形袖窿的设计最不普遍，但如果用得恰到好处，会使服装显得更富有个性和情趣。在褶与领口、袖窿的结合上，显得很随意，因为褶具有立体和动感特性，它所显示的直线和曲线的外部特征往往是不确定的，因此，领口、袖窿采形和作褶的形式没有直接的制约关系，但和分割线有关。

这仅仅是从领口、袖窿的形式要求考虑的设计问题，如果再加上采形的程度，就会出现领口和袖窿结构的合理性问题。

二、领口和袖窿采形的合理结构

如果说领口、袖窿采形与上装结构的统一是基于一种形式美的考虑，那么领口、袖窿采形的合理结构则是一种实用的客观要求。它主要表现在领口和袖窿采形从量变到质变的结构关系上。

基本纸样的领口是表示领口的最小尺寸。因此，亦称标准领口，从这个意义上说，当选择小于标准领口的设计时，就缺乏合理性。但是，这不意味着领口线的设计不能高于标准领口线，重要的是当选择这种设计时，要解决以下两个问题。

（1）适当扩展领口宽度。例如一字领的设计，必须在增加标准领口宽度的基础上，才能把前领口提高。相反，开深领口的同时，才可能使领口变窄。这实际是一种以保证基本领口尺寸为基础的互补关系。在不违背这个基本规律前提下的领口设计都是合理的。

（2）认识领口变形时的立体结构。当基本领口上升程度较为明显时，其领口结构会发生质的变化，成为事实上的立领结构，但立领和衣身又没有分离，因此把这种结构形式叫作"原身出领"。

从表面上看它还是一种紧领口的设计，但结构上大不相同。原身出领是在标准领口的基础上伸出一部分，由于这一部分介于颈部和胸廓之间，标准领口的颈圈正置原身出领的凹陷处，因此，需要增加必要的省缝（图7-18）。在前身侧颈点向上垂直引出领点，在袖窿采形中，延续袖窿的结构是一种宽松的选择，在结构形式上它和原身出领类似，因为它改变原有袖窿的方法不是开深和扩宽，而是增加，表面上看袖窿不在肩点的位置，而是延伸至上臂，却又不是袖子，因为它不具备袖子的基本结构。这种造型结构叫作"原身出袖"。然而，在结构特征上其和原身出领不尽相同。原身出袖虽然出现了臂膀和胸廓的结构关系，但其功能和处理方法与颈部和胸廓关系的处理方法不同，因为颈部和胸廓的结构处在一种较为静态的关系上，故此纸样处理是采用合体的余缺处理，采寸要求苛刻。臂膀和胸廓的结构可以说是一种动态关系，因此，原身出袖如果采用合体的结构要比原身出领更为复杂，它既要考虑贴身的余缺处理，同时还要顾及手臂运动时的结构。如腋下袖裆的设计就是基于这种考虑，而原身出袖的结构是无

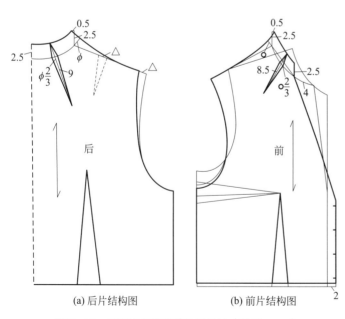

(a) 后片结构图　　(b) 前片结构图

图7-18　原身出领的省缝处理设计（单位：cm）

法增加袖裆的。可见，这里所指原身出袖是以宽松为前提的。

因此，袖窿的延续，在结构上应考虑以下几个问题：①削弱肩凸作用，在延续肩线时应顺肩线水平增加，使肩凸为零；②与此同时要开深袖窿，增加活动量；③由于宽松使袖窿曲线变成事实上的袖口线，故此延续后的袖降线趋直。从造型上看，上述的结构趋势，使造型变得简洁、自然。由此可见，结构本身的改变，往往是造型风格变化的基础（图7-19）。

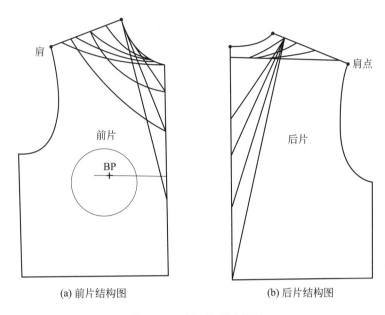

(a) 前片结构图　　　　　(b) 后片结构图

图 7-19　领口的采寸范围

从上述相反的角度分析，如果原身出袖刚好与上而要考虑的三个问题相悖，如延续的肩线与肩点有明显的角度，袖窿保持一定深度，袖窿曲度不变。那这正是插肩袖的基本结构条件。因此，这种逆向思考的结果正是袖子结构所要涉及的基本问题。

第三节　传统衬衫与女衬衫基型

一、三种传统衬衫与女衬衫基型

1. 传统衬衫基型

尽管传统衬衫和女衬衫的款式不同，但都是与裙装和裤装搭配穿着。传统衬衫具有剪裁精致、阳刚的特征，女衬衫则富有女性妩媚感，但它们具有相似点。传统衬衫和女衬衫的袖窿位于人台袖窿下不同深度处，大袖窿是通过转移部分或全部肩省形成的。袖窿变化，袖子也要随之改变。

传统衬衫和女衬衫基型可以建立在紧身胸衣（腰省和肩省）和基本后片纸样基础上，也可以以躯干装基型为基础，造型分割线、育克、塔克、放松量、衣领、口袋、剪挖式领口、组合型以及各种袖子款式（尤其是女衬衫）等丰富了这些基型的各种变化。使用基本躯干装基型作为基础，不但没有使衣服变大，反而使传统衬衫和女衬衫更加贴体（图7-20）。

(a) 传统女衬衫　　　　　　(b) 正装女衬衫　　　　　　(c) 休闲女衬衫

图 7-20　不同传统衬衫和女衬衫款式图

2. 女衬衫基型

每种基型都有它们各自的特点，它们的不同在于：所给基型松量、袖窿深和袖窿放大总量的不同，基本衣袖的变化，袖肥、袖山高和袖底增长量（涉及手臂的上提）的不同。

（1）女衬衫基型。袖窿比基本躯干装和基本衣袖略低和略宽（图7-21）。

（2）休闲女衬衫基型。袖窿深和放松量比基本衬衫大很多（图7-22）。

（3）超大无省女衬衫基型。袖窿深和放松量超大（图7-23）。

图 7-21　女衬衫基型　　　　　图 7-22　休闲女衬衫基型　　　　图 7-23　超大无省女衬衫基型

3. 传统衬衫与女衬衫制图

绘制传统衬衫与女衬衫基型的相似特征是：降低袖窿及侧缝放松量。减少所给尺寸可以获得更加贴体的效果。制图方法基于腰省或有两省的前片及后衣片，修改基本衣袖使袖隆更合体。

（1）前片。基本前衣片的修改如下（图7-24）。

① 复描纸样，从胸点到袖窿和肩部中点画剪切线。

② 在纸上面一条直角线（前中线和腰围水平线）。

③ 从袖窿中点和肩线中点剪开至胸点。

④ 将纸样前中线和腰围线直角对齐纸上，直角线放置并固定。

⑤ 分1.3cm省量到袖中Y处，其余的全部转移到肩省。部分省量留在腰围水平线上。复描纸样。

⑥ 延长肩线1.3cm至X处。

⑦ 袖窿下放1.9cm，直角向外1.9cm至Z处。

⑧ 如图7-24画袖窿弧线。

⑨ 延长中线17.8cm，作垂线，直角向上至Z处。标写前片（衬衫/女衬衫）。

（2）后片。基本后衣片的修改如下（图7-25）。

① 复描后衣片。

② 过省道画肩线至X处（肩省量包含于肩线中）。

③ 从袖窿中点向外标记0.6cm至Y处。

④ 袖窿下放1.9cm，向外1.9cm至Z处。

⑤ 过腰围腰侧点作后中垂线（后中线可能不到直角线）。

⑥ 从直角线延长后中17.8cm。作背中垂线，直角向上至Z处。

⑦ 画袖窿弧线，顺接Y点。

⑧ 剪下纸样，标写后片（衬衫/女衬衫）。

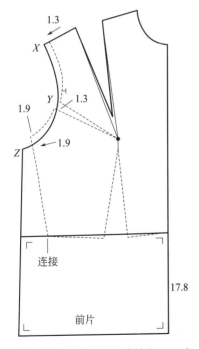

图7-24　前片的修改（单位：cm）

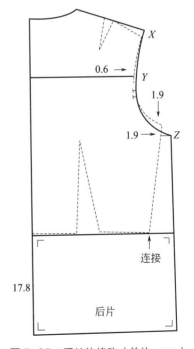

图7-25　后片的修改（单位：cm）

4. 基本衬衫袖基型

绘制衣袖可以基于基本袖或无省袖，衣袖根据袖窿的变大和下调进行更改。

（1）基本衬衫袖。修改方法如下（图7-26）。

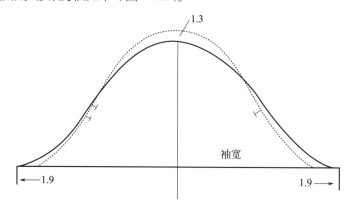

图7-26　基本衬衫袖的修改（单位：cm）

① 复描基本衣袖（虚线为原始袖）。
② 左右两边袖肥各增加1.9cm。
③ 袖山高顶点下降1.3cm。
④ 用曲线板画出袖山形态。袖山吃势应比袖窿多1.3cm。通过在袖肥线上加、减量来调整合体性。

（2）袖片。修改方法如下（图7-27）。
①过袖中布纹线作垂线，从右边袖面到后袖（去除袖肘省）。
② $AB=$ 袖肥的一半 $-2.5cm$，做标记并画线至袖肥。
③ AC 的画法同 AB 过程。
④ $CD=5cm$，画一条与 BC 平行的线，标写 E。

⑤ F 点为 E 点至袖中线的中点，做标记。
⑥ $FG=$ 从 F 点作垂线向下1.9cm。
⑦ $GH=6.4cm$，做十字标记（开口为袖衩和开襟）。如图7-27过 E、G、D 点画袖口弧线。

二、育克衬衫

1.设计分析

育克衬衫设计是以衬衫基型为基础的。将后片育克延长2.5cm到衬衫前片，并将其与衬衫前片拼合。基本衬衫袖、基本领或带领座的衣领完整了衬衫设计。后片育克可以自由设计。

2.育克衬衫样板设计

（1）画出育克
① 复描后片的衬衫基型，然后对合前、后片肩线。
② 距前片肩线2.5cm处画出育克，完成育克。
③ 如图7-28所示，标出对位记号。

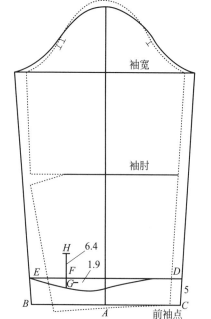

图7-27　袖片的修改（单位：cm）

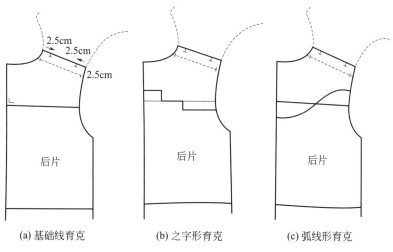

(a) 基础线育克   (b) 之字形育克   (c) 弧线形育克

图 7-28　育克设计选择

（2）育克设计的选择

① 过袖窿中点作后中线垂线（基础线）[图7-28（a）]。

② 设计之字形育克线[图7-28（b）]。

③ 设计弧形育克线[图7-28（c）]。

（3）完成育克和后片纸样

① 从纸样上剪下育克。

② 画出侧缝线和底边弧线（图7-29）。

（4）完成前片纸样

① 复描衬衫前片，肩部修剪2.5cm。

② 前中线追加1.9cm叠门。

③ 画出侧缝线和底边弧线（图7-30）。

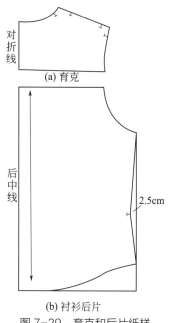

图 7-29　育克和后片纸样

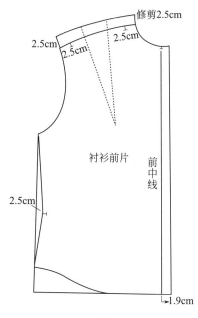

图 7-30　衬衫前片纸样

（5）完成样板

① 加放缝份。

② 标记对位记号。

③ 标写衬衫前片和衬衫后片，完成样板。

纸样可以是净样，也可以添加缝份。试穿后，根据需要进行修改、调整（图7-31、图7-32）。

图 7-31　育克和衬衫后片

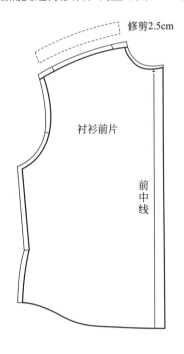

图 7-32　育克和衬衫前片

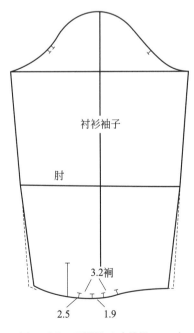

图 7-33　双裥袖口（单位：cm）

3. 袖口线的选择

在袖口线上减去手围的尺寸，选择要制作的款式，从袖底缝减去相等的余量，如下所示。

（1）双裥袖口

① 从袖口开衩右侧2.5cm处开始，标记两个3.2cm的折裥，间距＝1.9cm。

② 袖底缝去除多余量（如虚线），允许留0.6cm的吃势。圆顺弧线至袖肘（图7-33）。

（2）单裥袖口

① 向右移动袖口开衩1.3cm。

② 相距袖口开衩右侧1.9cm处，标记一个3.2cm的褶裥，在袖开衩左侧可以留0.6cm吃势。

③ 在袖底缝处去除多余量，圆顺弧线至袖肘（图7-34）。

（3）抽褶袖口。对于抽褶袖，在袖口线距袖底缝3.8cm处做剪口标记（图7-35）。

（4）普通袖口。允许有1.3cm吃势量。从袖底缝去除袖口余量，圆顺弧线至袖肘，移动袖衩1.9cm（图7-36）。

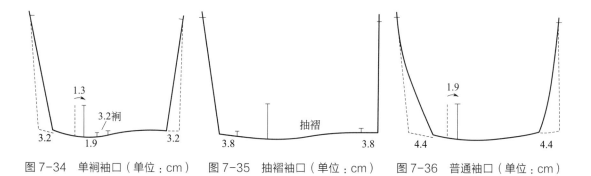

图 7-34　单裥袖口（单位：cm）　　图 7-35　抽褶袖口（单位：cm）　　图 7-36　普通袖口（单位：cm）

4. 袖口开襟的选择

（1）滚边型袖衩开襟

① 剪裁3.7~5.1cm宽、长度为两倍袖衩长的滚边（图7-37）。

② 按图7-38所示方法将滚边缝合于袖衩开口处。

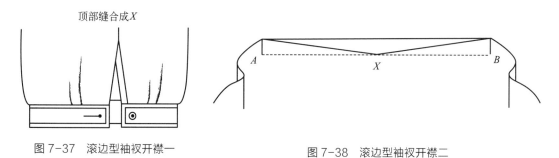

图 7-37　滚边型袖衩开襟一　　　　　图 7-38　滚边型袖衩开襟二

（2）向后缝缉开襟。向后折叠开衩口（毛边、锁边或折叠包边），缉明线固定（图7-39）。

（3）橡筋控制开襟

① 将衬衫长度延长5.1cm，用于翻折缝合橡筋于衬衫。

② 橡筋长度要比袖口长度短5.1cm。橡筋宽度随意（图7-40）。

（4）袖底缝开襟。开襟位于袖底缝，折叠缝份并缉明线（图7-41）。

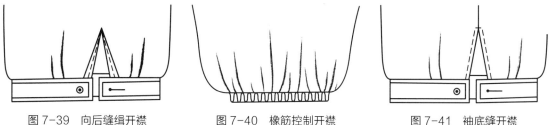

图 7-39　向后缝缉开襟　　　　　图 7-40　橡筋控制开襟　　　　　图 7-41　袖底缝开襟

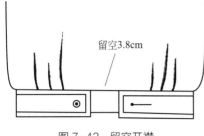

图 7-42　留空开襟

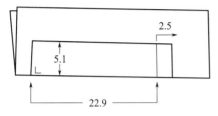

图 7-43　衬衫型袖克夫图一（单位：cm）

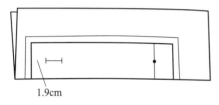

图 7-44　衬衫型袖克夫图二

（5）留空开襟。当扣紧袖克夫时，袖克夫间的布料折叠（图7-42）。

（6）衬衫型袖克夫

① 从长度等于袖口尺寸再加2.5cm叠门量的折叠边向上画一个5.1cm宽的矩形（图7-43）。

② 按图7-44所示完成纸样。

5.衬衫贴边及翻贴边变化

以下介绍三种贴边类型，图7-45是两种贴边类型（类型1和类型2）。从类型1和类型2中选择一种适合的进行设计。贴边宽度可在所给出的宽度范围内变化。

（1）类型1：成形后叠贴边

① 在肩部标记出6.4cm贴边宽，距叠门线7.6cm处标记出贴边宽。顺着领口弧线向下平行与前中线（虚线）画顺。

② 在叠门线处折叠纸样。用描线轮复描贴边轮廓。

③ 在顶部和底部做前中记号。

④ 展开纸样，用铅笔画出领围线和肩线。

（2）类型2：直线后叠贴边

① 在叠门线处折叠纸样。用描线轮复描领围线，标记前中线上、下位置。展开纸样，用铅笔画好。

② 为了使贴边宽度平行于叠门线，贴边向后翻折点结束于颈侧点（如虚线所示）（这种贴边常常利用布边作为完成线）。

（3）类型3：缝合型贴边。复描衬衫纸样的肩线、领围线、叠门和底边。用所给出尺寸完成贴边（图7-46）。

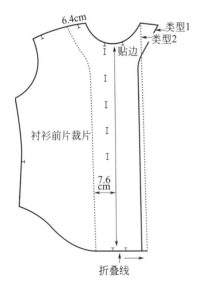

图 7-45　成形后叠贴边图

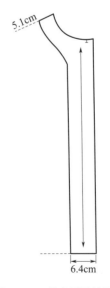

图 7-46　缝合型贴边图

三、休闲衬衫与衣袖基型

休闲衬衫基型非常宽松，袖窿由于肩省和侧省转移来的余量而变得稍大。其袖窿比基本款衬衫要低一些和宽一些。休闲衬衫基型可由腰省和侧省的前衣片以及基本后衣片紧身上衣转变而来，也可由基本衬衫袖修改而来。可作女上衣的基型，如果把衣长加大，也可作休闲连衣裙的基型。

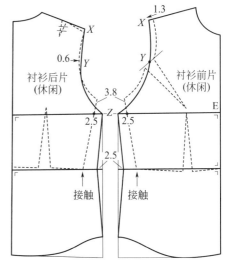

图 7-47 休闲衬衫结构设计图
（单位：cm）

▷ 1.休闲衬衫制图

（1）衬衫后片

① 复描基本后衣片。

② 通过肩省 X 点画肩线直线。

③ 袖隆中部 Y 点增加 0.6cm。

④ 从袖窿向下 3.8cm 做标记。

⑤ 与后中垂直，从标记点 Z 处向外延伸 2.5cm。

⑥ 过腰侧作后中垂线。

（2）衬衫前片

① 复描前衣片，把侧省转移到袖窿，标出省位中间点 Y。

② 延长肩线，使之与后肩线等长至 X 点。

③ 从袖窿向下 3.8cm 做标记。

④ 与后中垂直，在标记点 Z 处向外延伸 2.5cm。

（3）后片与前片

① 中线继续延长 17.8~22.9cm。

② 作中线垂线并垂直向上直到 Z 处。

③ 在腰线水平进 2.5cm 做标记。

④ 画出侧缝与下摆弧线。如图 7-47 所示，通过 X、Y、Z 点画出袖窿。

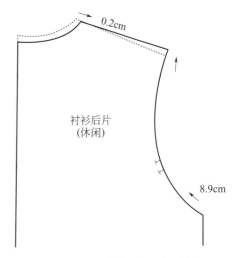

图 7-48 后片修正领口线和袖窿

（4）修正领口线和袖窿

① 沿领口线修剪 0.2cm。

② 测量前后袖窿弧长。如果不等，通过调整肩线使之相等。

③ 记下前袖窿的测量长度。

④ 标记袖窿定位点。如果需要垫肩，不需要改变肩部的高度（图 7-48、图 7-49）。

（5）作衬衫袖

① 复描衬衫袖。标记 A 和 B。

② 沿中线对折。

③ 从袖肥线 D 向上延伸 3.8cm 做标记，并作袖中线

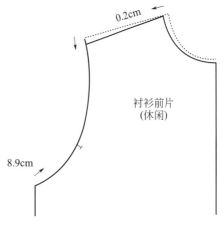

图 7-49 前片修正领口线和袖窿

垂线。从A点画直线交于新袖肥线，长度等于前袖窿弧长，标记为E。

④ 画直线至袖口（图7-50）。

（6）衬衫袖肥加大

① 四等分AE线。

② 如图7-51所示，分别在等分点上垂直向上0.6cm，向下0.3cm，画顺袖山弧线。

③ 袖山弧线应比前、后袖窿弧线长1.3cm，若不是，在E处加减。

④ 标记袖的对位点（图7-51）。

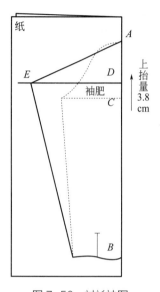

图7-50 衬衫袖图

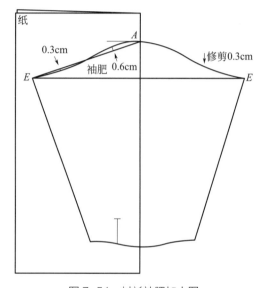

图7-51 衬衫袖肥加大图

2. 加大衬衫

本案例基于休闲衬衫，运用以下方法可以对任何款式衬衫进行加大，衬衫衣片因款式或合体性可修改成上大下小型。具体制作步骤如下（图7-52）。

① 复描前、后片。

② 将纸样从肩线中间到下摆剪开。

③ 展开所需要的量（A到B），重新描出轮廓。

④ 如果需要，降低袖窿。

⑤ 测量前、后袖窿弧长，加在一起并平分，记录该值。

⑥ 标记对位点。

⑦ 如期望减小下摆松量，可从侧缝处减少使之成锥形。

3. 修正衣袖

以下为修正衣袖的步骤（图7-53）。

① 衬衫袖的布纹线放于纸的对折线上，复描纸样，如果需要，可追加袖长。

② 降低袖山使之等于加大的AB尺寸。

③ 画直线BE等于记录的袖窿弧线尺寸。

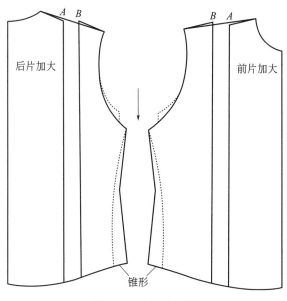

图 7-52 加大衬衫图

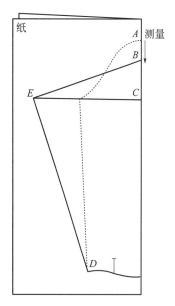

图 7-53 修正衣袖图

第八章
袖型纸样设计原理及应用

衣袖是装缝在衣身袖窿上的或与衣身袖窿相连的服装主要部件之一，具有保护上肢、装饰美化手臂的功能，也是上装纸样设计的重要变化因素。衣袖的结构按服装行业习惯可分为袖山和袖身两个部分。袖型的造型演化过程是从贴身到宽松。无论是上袖还是连身袖，贴身的还是宽松的，其造型结构的关键是袖山高。

第一节　袖型基础纸样

一、衣袖的分类

衣袖的款式千变万化，根据不同的观察角度，有以下分类形式。

（1）按照衣袖袖山与衣身关系分类。大体可以划分为两类，即上袖（装袖）类和连袖类。

上袖类按照袖山形状分为平袖和圆袖。平袖组装后袖山部分比较平顺，缝缩量很小，如宽松的一片袖和衬衫袖；圆袖组装后袖山部分比较圆润，缝缩量较大，如合体的一片袖和两片西服袖。

连袖类又分为连身袖和分割袖两类。连身袖是将衣袖与衣身组合连成一体的袖型；分割袖是在连身袖的基础上将袖身重新分割后形成的袖型，可分为插肩袖、半插肩袖、落肩袖及覆肩袖。

（2）按照衣袖的长度分类。可分为无袖、盖肩袖、短袖、五分袖、七分袖、九分袖、长袖等，如图8-1所示。

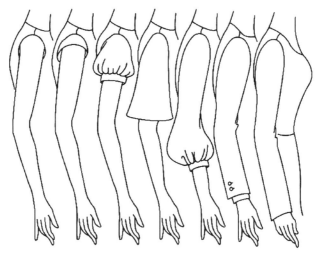

图8-1　衣袖按长度分类示意

注：从左至右依次为无袖、盖肩袖、短袖、五分袖、七分袖、九分袖、长袖

（3）按照结构分。可分为一片袖、圆装袖、插肩袖、连袖、肩压袖等。

（4）按照袖型长度分。可分为冒尖袖、长袖、中袖、短袖等。

（5）按照袖片构成数量分类。可分为一片袖、两片袖和多片袖等。

（6）按照衣袖外现分类。可分为羊腿袖、灯笼袖、蝙蝠袖、喇叭袖、花瓣袖、环浪袖等（图8-2）。

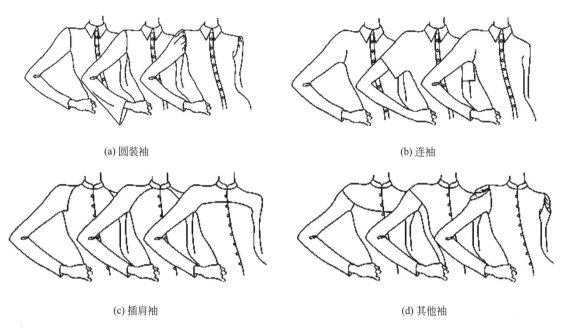

(a) 圆装袖 (b) 连袖

(c) 插肩袖 (d) 其他袖

图 8-2　衣袖按结构分类示意

在衣袖结构中，袖山、袖肥和袖势相互制约、相互适应，构成了衣袖结构的基本框架（图8-3）。相对而言，袖山越低、袖肥越大、袖势越高，袖子的活动功能越强，反之越弱。其中袖山是主要因素，通过它来找到袖肥，确定袖势。袖山是控制衣袖结构和风格的关键。

二、衣袖形态研究

1. 袖山的形成研究

人体躯干一般处在稳定的状态，而手臂的活动区间很大，可以前后左右360°活动，要适应这么大活动范围还需要保持袖型，是不能达到的，因此，可以设定袖子能适应手臂的容纳空间及一定的活动范围。

根据款式的特点，预设定立体袖窿高为16.4cm，立体袖窿宽度为11cm，中号人体手臂围一般为26cm，厚度为26/3.14≈8.28cm，即袖肥圈高度约为8.3cm。

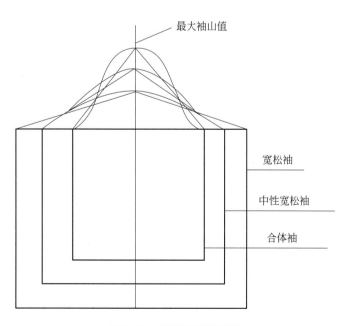

最大袖山值

宽松袖

中性宽松袖

合体袖

图 8-3　衣袖结构基本构架

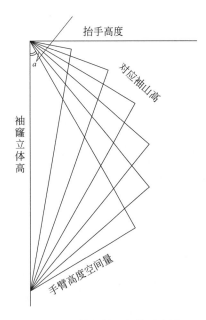

图8-4　袖子袖肥处的形态图
（单位：cm）

a—手臂抬手空间量

所形成的最小抬手角度为30°，从而也确定了袖肥的大小，即30.5cm。随着手臂厚度即袖肥圈高度的增加，抬手角度也随之增加；当手臂抬高角度为90°时，此时已成水平状态，袖山高已是0，袖肥与袖窿完全重合，成为一条直线，此时袖子完全可以平行地和袖窿圈对接上，袖型为无任何角度变化的圆筒形，这种袖子在中式服装中常用，为43.8cm的袖肥，如图8-4所示。

2.袖山高对应角度计算规律

在袖窿宽度（11cm）和袖窿立体高度（16.6cm）确定的情况下，袖山高度就依据抬手量的改变而改变并确定，抬手角度在30°~90°之间变化。袖山高=cos抬手角度×袖窿立体高度，也对应可以算出手臂的高度空间量=sin抬手角度×袖窿立体高度。为了计算袖山高和使用的方便，算出几个常用的和具有代表性并方便记忆的数字来，其中最小抬手角度为30°，即cos值为0.866，袖山高=0.866×16.6≈14.4cm。依次排列抬手角度40°、50°、60°、70°、80°、90°，这些对应的袖山高为12.7cm、10.7cm、8.3cm、5.7cm、2.9cm、0。掌握这些角度值，可以较准确地控制抬手量。

3.袖窿弧线长度不变，袖肥形态的确定

袖子为配合不同风格款式，会形成不同的袖肥大小，袖窿弧长不变时的角度变化对袖肥、袖山的影响如图8-5所示。

图8-6是袖窿弧线长不变，抬手角度按函数值排列的示意图。90°时袖山高为0，袖肥就是袖窿弧长；30°时，袖山最高，袖肥最小。在袖山变化中袖肥随着袖山的增高而变小，袖肥变大袖山高就变低，它们呈反比的关系。因为袖斜线一般保持不变，以肩端点为圆心，在30°~90°之间依据款式需要在弧线上可以确定一个点，从点上作袖中线的垂线即为袖肥线。

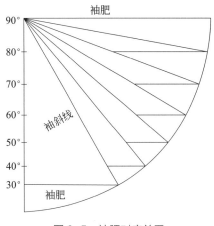

图8-5　袖肥对应关系

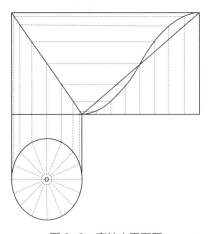

图8-6　高袖山平面图

4. 袖山弧线的曲度变化研究

袖窿圈首先需形成一个切面，与之形成配对的袖山弧线在立体状态下也需要形成一个切面。这样袖子与袖窿缝合才平整，相互之间才不会有牵扯。最小抬手角度30°对应的最高袖山高的袖山弧线最饱满，随着抬手角度的增加，对应的袖山弧线曲度变直。45°的袖山弧线曲度高2.4cm，50°时为2.1cm，60°时为1.6cm，70°时为1.1cm，80°时为0.5cm。这样形成的袖山弧线才能形成与袖窿对应的切面。袖子需要有便于人体往前活动比较多的结构，所以切面转动调整使袖子前更贴合人体，后袖活动量增大，这样前袖山弧线加大，后袖山弧线变平缓（图8-7）。

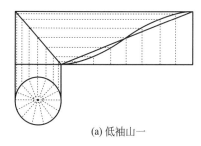 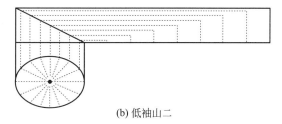

(a) 低袖山一　　　　　　　　　　　　(b) 低袖山二

图 8-7　低袖山平面图

以上依照人体与上肢结构以及服装袖子功能的特点，对袖子从袖窿形态、袖山高、袖肥及袖身所需要达到的状态进行了介绍，掌握了方法就可以根据需要做出在曲线度、厚度方面均造型上优美的袖子。合体袖子肘部往上立体形态体现为"垂"，肘部下端立体形态体现为随人体胳膊状态的"弯"，整体需要做出与款式匹配的"扭势"和"扣势"，在袖肥的上部还需要必要的厚度，这才是完美的合体袖子。

三、袖型与袖窿的关系

袖子具有保护上肢及美化人体的功能，袖型与领型一样是服装整体设计的重点部分。学习袖子的结构知识首先要对人体的上肢、肩部和服装之间的关系有所了解。上肢由上臂、肘关节、前臂、腕关节和手掌等部分组成，基本结构决定了上肢的活动范围。上肢的运转支柱是三个关节，以锁骨与上臂的肱骨相交为辅，支配着上肢在上、下、左、右以及前、后方面做灵活转动。为了适应这种功能的需要，在进行袖型结构设计时必须正确设计各种数据，使袖型既实用又美观。袖子造型千变万化，但是袖根曲（直）线与袖窿线的配合关系基本上是一致的，常见的形式为袖片的袖山弧线周长基本与衣片的袖窿线长度保持数据上的协调，然后缝合。

一般袖山弧线周长比袖窿弧线周长长1~4cm。袖山弧线周长比袖窿弧线周长长多少还要根据不同的面料来做具体修正，用较薄的面料制作袖子时袖山弧线周长与袖窿弧线周长差数偏大，反之差数则偏小。只有符合了上述要求，通过袖山弧线收缩的方法，袖型与衣片缝合之后才能形成合理的内在结构和圆顺的袖型外形弧线，达到结构设计的目的（图8-8）。

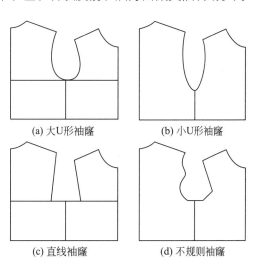

(a) 大U形袖窿　　　　　　(b) 小U形袖窿

(c) 直线袖窿　　　　　　(d) 不规则袖窿

图 8-8　袖窿造型分类

袖肥的大小根据人体手臂根部的围度加放适当的松度而定。人体手臂根部的围度≈1/2净胸围。同样长度的袖山弧线，可设计不同的袖肥和不同的袖山高。

袖山高越小，袖肥就越肥，袖型较肥，上肢活动就比较方便。但是袖型过大，袖窿就自然会向下开落。制约前后衣片也就较多，将会影响上肢的上下运动。

袖山高越高，袖肥就越窄，袖肥较窄的设计显得利落精神，但是太窄了上肢活动就很不方便，袖肥≈1/5胸围。

衣片袖窿深根据人体手臂根部的垂直高度加上落肩尺寸再加适当的松度而定。衣片袖窿深≈胸围/6+7cm。

袖型的肥度以及袖山周长是依据袖窿周长而定的，必须在袖窿周长数据的基础上，根据不同的布料性质和工艺要求来求出袖山斜线的数据。圆装袖袖山斜线长度≈袖窿长/2+0.7cm，一片袖袖山斜线≈袖窿长/2。

袖型在结构上主要解决的是袖山线与袖窿线的关系，这个关键的问题解决了，其他的问题就都比较容易解决，特别是袖子的外形可以较灵活地进行设计。另外，要注意前面讲过的，袖山弧线一般要比袖窿弧线长1~4.5cm。

四、袖子基本结构

袖子结构是上装纸样设计中最为复杂的，袖山和袖窿的吻合是设计重点，它不但要求两者在长度上的吻合，还要根据款式在结构上相吻合。表8-1为袖子基本型规格。

表8-1　袖子基本型规格　　　　　　　　　　　　　　　　　　单位：cm

号　　型	部　　位	袖窿弧长	袖　　长
160/84A	规格	67	100

具体结构设计要点如下。

（1）绘制基础线

①拷贝衣身原型的前后袖窿，将前袖窿省闭合，画圆顺前后袖窿弧线，如图8-9所示。

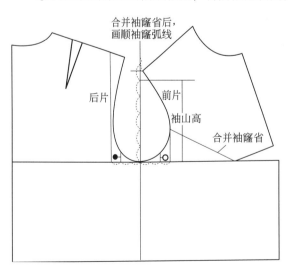

图8-9　原型胸省合并图

②确定袖山高度，将侧缝线向上延长作为袖山线，并在该线上确定袖山高。方法是：计算由前后肩点高度的1/2位置点到BL线（胸围线）之间的高度，取其5/6作为袖山高。

③确定袖肥，由袖山顶点开始，向前片的BL线取斜线长等于前AH（袖窿），向后片的BL线取斜线长等于后AH+1cm+＊（＊为修正系数，不同胸围对应不同＊值），在核对袖长后画前后袖下线。

（2）绘制轮廓线

①如图8-10所示，将衣省袖窿弧线上●~○之间的弧线拷贝至袖原型基础框架上，作为前、后袖山弧线的底部。

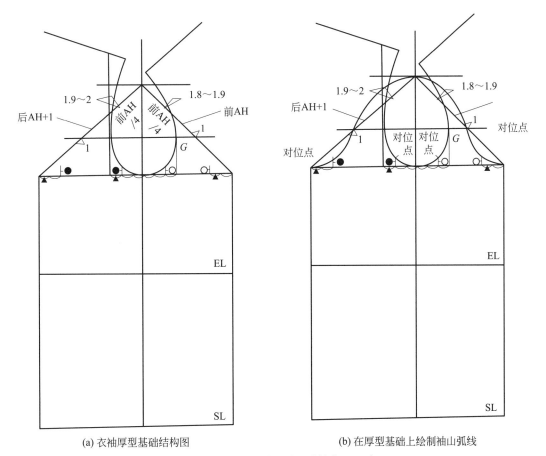

(a) 衣袖厚型基础结构图　　　　　　　(b) 在厚型基础上绘制袖山弧线

图8-10　袖型结构设计图（单位：cm）

② 绘制前袖山弧线。在前袖山弧线上沿袖山顶点向下取AH/4的长度，由该位置点作袖山的垂直线，并取1.8~1.9cm的长度，沿袖山斜线与G线的交点向上1cm作为袖窿弧线的转折点，经过袖山顶点和两个新的定位点及袖山底部画圆顺前袖窿弧线。

③ 绘制后袖山弧线。在后袖山斜线上沿袖山顶点向下量取前AH/4的长度，由该位置作后袖山斜线的垂直线，并取1.9~2cm的长宽，沿袖山斜线和G线的交点向下1cm作为后袖窿弧线的转折点，经过袖山顶点、两个新的定位点及袖山底部画圆顺后袖窿线。

④ 确定对位点。前对位点，在衣身上测量侧缝至G点的前袖窿孤线长，并由袖山底部向上量取相同的长度确定前对位点。后对位点，将袖山底部画有●印的位置作为对位点。

第二节　袖型纸样设计应用

一、袖山幅度与袖型

1. 基本袖山的意义

在纸样设计方法中提到，要想掌握纸样设计的规律，首先要确立该设计的基本模型。从整体到局部都是如此，袖型的设计也是如此。袖子本身的结构基础是袖山，而袖山变化的标准就是基本袖山高。

袖子造型结构变化的关键是袖山曲线曲度的变化。袖山曲线的时而突兀、时而平缓，形成了不同的衣袖外形。袖山高的变化是袖山曲线曲度变化的根本原因，它的高低变化与衣袖的合体和宽松程度有直接关系，而袖山高是由袖窿深、装袖角度、装袖位置、垫肩厚度、装袖缝型、衣料厚薄等因素决定的。

袖窿深应在人体腋窝下方，其开深程度由衣着层次、款式特征决定。袖山高与袖窿深是相互制约的关系，不论袖型如何变化，最终袖子的袖山曲线与衣片的袖窿曲线长度要吻合。装袖角度即为衣袖成型的角度，如图8-11所示，袖子基本纸样的袖山高AH/3所形成的装袖角度接近50°。

宽松的衣袖袖山低，装袖角度大，袖子下垂时，衣服会产生皱褶；合体的衣袖袖山较高，装袖角度小，手下垂时，衣袖的成型较为美观。

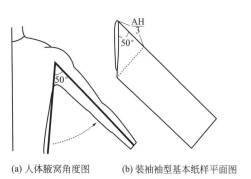

(a) 人体腋窝角度图　　(b) 装袖袖型基本纸样平面图

图8-11　装袖角度示意

2. 袖山高与袖肥

袖山幅度是指袖山顶点贴近落山线的程度，俗称袖山高。袖山高的大小制约着袖子和衣身的贴体程度，袖山加深，衣袖瘦而合体，腋下平整服帖，肩角清晰美观；袖山变浅，衣袖肥而不贴体，腋下易形成褶皱，肩角模糊含蓄。由此可见，在进行纸样设计时，礼服、制服等庄重类场合的服装应将袖山高增大，而休闲装、运动服等便服需将袖山高减小。

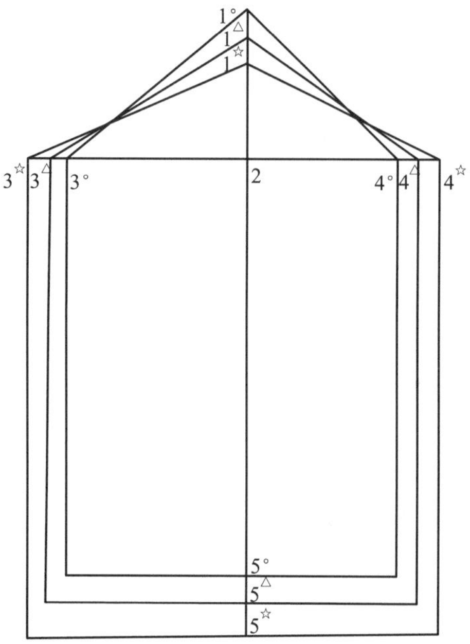

袖肥是以上臂围为依据，在上臂围度最大处加上必要的松量形成的。原则上讲，袖山弧形与袖窿弧线的长度应是相同的，否则无法缝合。因此，袖山与袖窿曲线在长度上虽然不能改变，但袖山高与袖肥是可以变化的。如果AH值不变，袖山高越大，袖肥则越小；袖山高越小，袖肥越大；袖山高为0时，袖肥达到最大值，如图8-12所示。

袖型指由于袖山幅度的改变而形成的袖子外形。这里的袖山幅度对袖型是个很关键的制约因素。袖型不过是从贴身到宽松的造型过程，而这个过程始终与袖山幅度有关。

基本袖山公式是根据手臂和胸部构造的动态和静态的客观要求设计的，采用袖窿长（AH）的1/3是长期实践和业内专家确认的标准袖山高公式（英、美、日和标准的袖子基本纸样均被采用）。在结构上它是一种特殊状态，与它对应的袖贴体度、袖肥和袖窿开深量也是特殊状态，因此，袖山高也随之改变。

图8-12　袖山高与袖肥关系

注：○代表袖山高最大时的袖肥大小变化；
　　△代表袖山高处于中间值时的袖肥大小变化；☆代表袖山高最小时的袖肥大小变化。

3.袖山幅度和袖肥的关系

袖山高与袖肥成反比的关系显而易见，但在贴体度、运动功能及舒适性方面却有待研究。在前面所讲的袖山高和袖肥的变化关系中，袖山高与袖肥的改变是在AH值不变的前提下，并没有考虑到袖窿的深浅和形状，袖山高低与袖型肥瘦在变化时，袖窿完全没有改变，这是完全不符合服装纸样结构设计的科学性与艺术性的，也不符合人体对服装舒适性和运动功能的要求。

按照袖山高制约袖肥和贴体度的结构原理，它对衣身的袖窿也有所制约。

① 在较为宽松类服装纸样设计中，选择低袖山结构，袖窿则应深度大，宽度小，呈现窄长型袖窿。

② 在合体类服装中，选择袖窿深则越贴近腋窝，其形状接近基本袖窿的椭圆形。当袖山高接近人体最大值时，衣袖和衣身为贴身状态，袖型的装袖角度最小，袖窿最为靠近腋窝。此时，衣袖的活动功能为最佳。服装腋下表面的结构犹如人体的第二皮肤，若袖山很高，袖窿也很深。此时，结构上袖窿底部远离腋窝而靠近前臂，手臂上抬时会受到袖窿底部的牵制，且袖窿越深，牵制力越大。当袖山很低时，衣袖呈外展状，如果此时仍采用基本袖窿，手臂下垂时腋下会堆积很多余量，影响美观度与舒适性（图8-13）。因此，袖山高的袖型应和袖窿深度大的细长型袖窿匹配，直至袖山高为0，袖中线和肩线形成一条直线，袖窿的作用随之消失，形成了传统中式袖的结构。

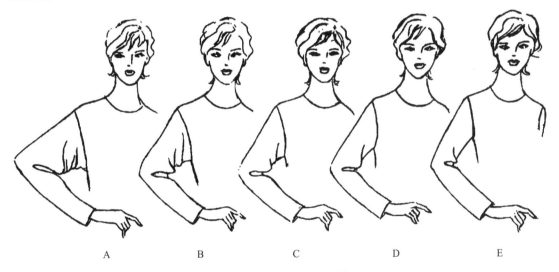

A	B	C	D	E

图8-13　袖山与袖窿关系着装图

注：A~E依次为女装衣袖从宽松到紧身的贴合程度。

③ 袖窿形状越细长，袖山高越小，袖山曲线越平级，服装越宽松；袖窿形状越接近基本袖窿，袖山高越大，袖山曲线弯度越明显，服装越合体。

二、合体袖与袖型分片

袖型的合体程度固然受袖山高的控制，但是，作为合体袖这不是它的全部，因为它只是从大局上保证袖型、衣身与上臂、躯干在自然状态下的吻合。然而，手臂自然下垂时并不是垂直的，而是向前微曲，这就要求合体袖不仅要获得袖型贴紧衣身的结构，还要利用肘省的结构处理，获得袖子与上臂自然弯曲的吻合。合体袖分片结构的处理正是基于这种原因设计的。

1. 合体袖的两片袖结构分析

按照合体袖的造型结构要求，如图8-14所示，首先要选择足够的袖山高度，以保证衣袖与衣身贴体的造型状态，并根据需要增加袖山的缩容量，即使用袖标准基本纸样，在原肩点向上追加2cm重新修正袖山曲线（依材料的伸缩性最后保持袖山曲线长度大于袖窿曲线长度5cm左右）。

然后，根据手臂的自然弯度，使原袖中线固定点向前摆移2cm为合体袖的袖中线，以此为界线确定前后袖口，引出前后袖内缝辅助线，并在肘线上做前后袖弯1cm，完成前后内缝线。肘省为前后袖内缝之差。这种合体袖结构显然和本书前面所讲到的一片袖结构相同，可见，所谓一片袖是针对合体要求而设计的。但是根据从平面到立体的造型原理，断缝比省缝更能达到理想的造型效果。因此，通过合体一片袖的肘省转移和省缝变断缝、大小袖互补的结构处理，而得到的两片袖结构比一片袖结构造型更加丰满美观（图8-15）。

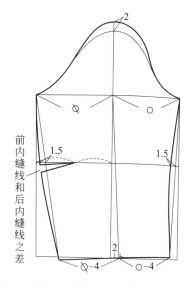

图8-14　合体的一片袖（单位：cm）

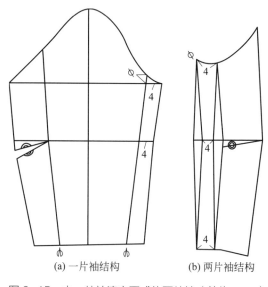

(a) 一片袖结构　　(b) 两片袖结构

图8-15　由一片袖演变而成的两片袖（单位：cm）

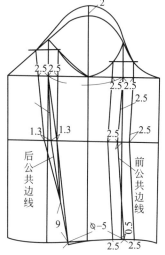

图8-16　大小袖互补的两片袖
结构设计图（单位：cm）

由此可见，两片袖结构的选择有两个目的：一是为了合体，二是力求造型的完美。它和一片袖的区别主要在于后者。

根据上述两片袖的结构分析可以利用其原理通过互补的方法设计大小袖的结构。大小袖的互补方法如下。

① 先在基本纸样的基础上，找出大袖片和小袖片的两条公共边线，这两条公共边线应符合手臂自然弯曲的要求。

② 以该线为界大袖片增加的部分在对应的小袖片中减掉而产生大小袖片。需要注意的是，互补量的大小对袖子的塑形有所影响：一般互补量越大，加工越困难，但立体程度越高；相反，加工越容易，但立体效果越差。通常前袖互补量大于后袖互补量，其主要原因是，袖子的前部尽可能使结构线隐蔽，以取得前片较完整的立体效果（图8-16）。

▷2.合体袖的变体与装饰性结构

通过前面合体袖与两片袖结构的具体分析可以认为，一片袖中的肘省、袖弯线和两片袖中的大小袖互补关系的设计都是为了合体和造型而采取的必要手段。因此，只要符合上述原则进行各种因素的合理组合，就会大大丰富合体袖的设计，甚至可能出现三片袖的互补关系和分割结构。这里所指的装饰性结构也是基于这样一个前提进行施褶的设计。下面用具体的实例说明合体袖的变体和装饰性结构的处理方法。在进行设计时，设计师先要设想这些结构所构成的最终效果如何，这对把握袖型变体结构的采寸是十分重要的。

合体袖的变体一般是综合肘省、分片袖的互补关系和袖山容量的结构变化进行的。图8-17是一个袖山省缝的变体结构。从图中看很难判断它的平面结构，如果设计师是出于对合体袖变体的理解对其进行设计，那么它不会超出上述三个因素的变化。生产图中袖山头的省与断线的设计显然是由袖山缩容量演变而成的，其他结构和一片袖相同。

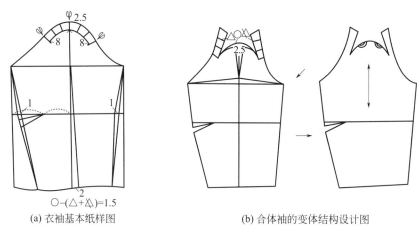

(a) 衣袖基本纸样图   (b) 合体袖的变体结构设计图

图8-17 合体袖的变体结构设计图（单位：cm）

在纸样设计中，首先使用袖基本纸样完成一片袖设计，包括前后袖弯线和肘省线构。然后按照生产图显示的袖山线与省缝的距离在基本纸样中画出。袖山线与省缝的距离影响袖山造型的立度（厚度），因此，不宜过宽，沿肩头的省缝设计取决于袖山容量的位置，设在肩点左右8cm的范围之间。依所标的省缝线迹和袖山线做切展，使原袖山减掉的部分（2.5cm）再增加出来，这时新的袖山省缝线段的长度大于分割前的省缝长，因此，在分割出去的部分，要用切展的方法加以补偿，补偿部分要小于对应省缝线15cm，通过归拢工艺达到吻合。

从这个一片袖结构的变体看，主要的变化是使袖山缩容量转移为省缝结构而加强肩部的造型。因此，和一片袖结构功能是一样的，但外观效果有所不同。

如果在此基础上，进一步利用省道转移和分片互补的结构处理，就可以得到三片袖结构，如图8-18所示。

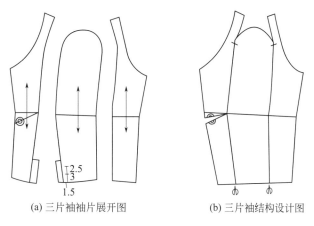

(a) 三片袖袖片展开图   (b) 三片袖结构设计图

图8-18 三片袖结构设计图（单位：cm）

通过袖山省缝变化的例子，不难理解，它是把缩容量从分散转为集中结构，确切地说是把归缩的量分离一部分集中为省量。既然可以把容量转化为省量，那么也完全可以利用凸点射线与省移原理设计袖山。但是对肩凸造型的理解不应看作是一点，而应看作是一线，这对袖山造型的结构理解是十分重要的。

根据这种分析可以把肩凸点设在基本袖山顶点至两侧的一定范围内，把袖山缩量视为省量，根据肩部的造型特点，按一定比例分布在肩点及两侧，通过省移、断缝而改变其袖山造型。

然而，这仅仅是在袖山基本容量范围内的变体，如果增加更多的设计量，就不能像直接增加袖山容量那样随意，因为大幅度地改变外形线会使结构变形，而影响立体造型的还原。解决这个问题的办法就是采用切展的装饰性结构。

合体袖的装饰性结构是以合体袖结构为前提，增加额外的装饰因素。合体是在结构中保持一定的袖山高度，使基本外部特征仍呈现合身状态，装饰因素是在此基础上增加褶或改变局部的设计。

合身袖施褶的设计主要在肩部，施褶量的大小对肩部外形有所影响，但贴身度不变。袖山施褶从结构上分析，在基本袖山上，增加褶比缩容量要大得多，故用直接追加袖山的办法，容易造成变形。袖山设褶是为了使袖型上部中间隆起，以强化肩宽和上身的分量。

因此，从立体造型的角度入手，应在袖中线的袖山部剪切，使袖顶部到切展止点形成V字形张角。这其中有两个可选择的设计量：一是切展的张角愈大，褶量就愈多，袖山的外隆起度愈明显，反之，褶量愈少，袖山造型愈趋向平整；二是切展得越深，袖山造型隆起的部分越靠近袖口，反之越接近袖山头（图8-19）。一般设省量要比褶量少些，如是缩褶，其效果和塔克褶相当。

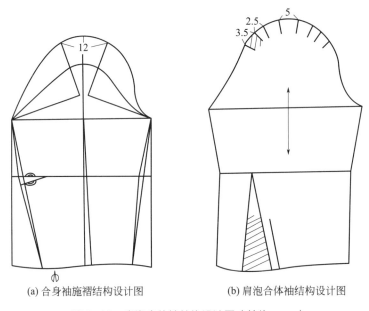

(a) 合身袖施褶结构设计图　　(b) 肩泡合体袖结构设计图

图8-19　肩泡合体袖结构设计图（单位：cm）

在合体袖的施褶中，用波形褶和裥褶是不多见的，因为合体袖的基本结构抑制这两种褶的表现效果，它在宽身袖的结构中更能得到充分的表现。

三、宽松袖纸样设计

宽松袖的结构简单，制作工艺简化，使用的材料多为软而薄的面料，这使宽松袖的装饰特性得以表现。宽松袖的结构一般不采用一片袖和两片袖的贴身结构。袖山高在基本袖山以下选择。装饰性设计从考虑功能性结构转向注重形式和活动方便的设计，尺寸上更多的是在基本纸样的基础上作放松量而不收缩，因此宽松袖要比合体袖的设计更灵活。在这种条件下，褶的使用极为普遍。

宽松袖与自然褶的结合是最普遍的，这是因为宽松袖与自然褶都具有自由、随意、飘逸的特点。常见的宽松袖有喇叭袖、泡泡袖和灯笼袖。在结构上多采用波形褶和缩褶结合的设计，下面以喇叭袖为例加以说明。

图8-20为喇叭袖结构设计图。喇叭袖的外形与喇叭裙（斜裙）相似，在实际结构处理上，两者所采用的原理完全相同。即修正袖摆或裙摆，均匀增摆和改变其对应线曲度。不同的是基本袖山线是较复杂的曲线，而裙装的基本腰线几乎是条直线。根据袖山线的曲度形状复杂的要求，可以通过均匀切展的方法增加袖摆量，然后在不改变袖山线长度的前提下，修正新的袖山曲线。这种方法虽制图步骤复杂，但预想效果的可靠性很强。因此，这种方法常用于增摆的对应线较复杂的结构设计中。

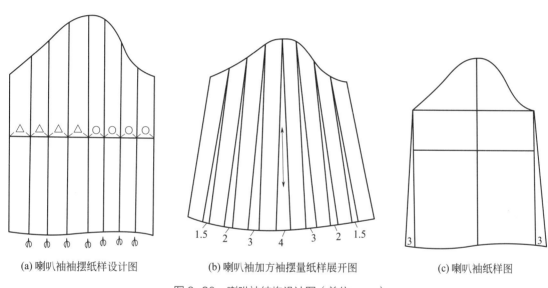

(a) 喇叭袖袖摆纸样设计图   (b) 喇叭袖加方袖摆量纸样展开图   (c) 喇叭袖纸样图

图 8-20　喇叭袖结构设计图（单位：cm）

从喇叭袖纸样的设计过程可得到这样的规律，喇叭袖从表面上看是增加袖摆量，但从其内在的结构分析，袖摆量的增加不是孤立的，它和袖山高、袖山曲线有直接的关系，就如同裙摆和裙腰线的关系一样。袖摆量增加得越多，袖型的宽松程度越大，袖山越低，袖山曲线越趋向平缓。当袖摆增加量较少，不足以影响袖山结构时，可以直接在基本纸样的袖侧摆处适当追加（图8-21）。

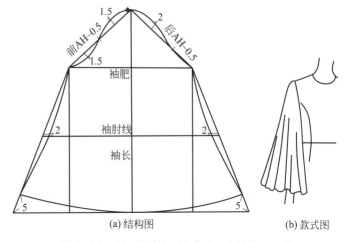

(a) 结构图　　　　(b) 款式图

图 8-21　喇叭袖结构图和款式图（单位：cm）

四、连身袖纸样设计

女西装两片袖设计如图8-22所示。

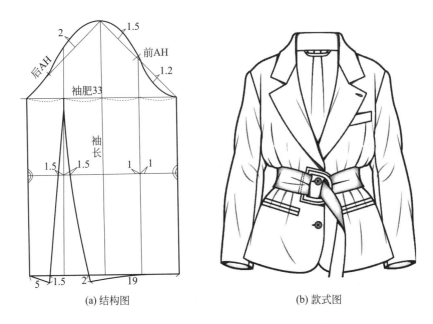

(a) 结构图   (b) 款式图

图8-22　女西装两片袖设计（单位：cm）

五、组合袖纸样设计

1. 一片短袖

女西装一片短袖设计如图8-23、图8-24所示。

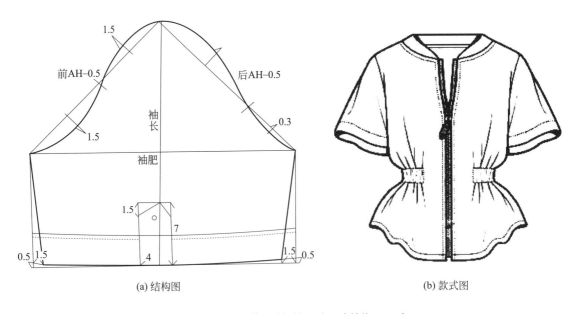

(a) 结构图   (b) 款式图

图8-23　女西装一片短袖设计一（单位：cm）

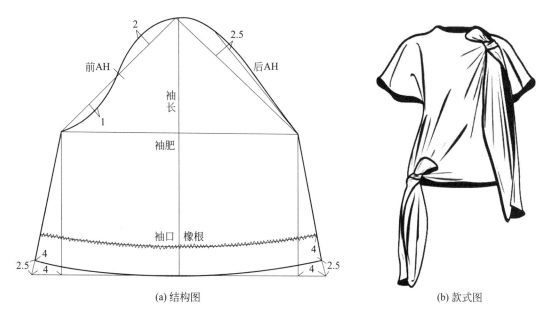

(a) 结构图　　　　　　　　　(b) 款式图

图 8-24　女西装一片短袖设计二（单位：cm）

2. 花瓣袖

花瓣袖设计如图8-25所示。

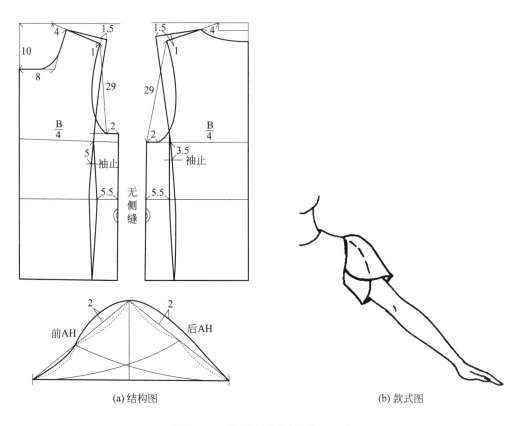

(a) 结构图　　　　　　　　　(b) 款式图

图 8-25　花瓣袖设计（单位：cm）

3. 袖口袋状袖

袖口袋状袖设计如图8-26所示。

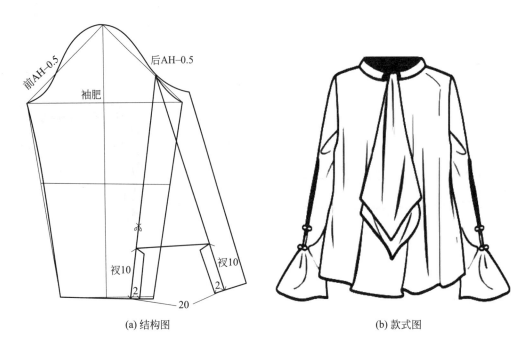

(a) 结构图   (b) 款式图

图8-26　袖口袋状袖设计（单位：cm）

4. 棉花袖

棉花袖设计如图8-27所示。

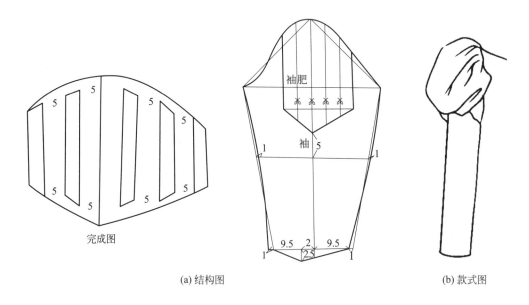

(a) 结构图   (b) 款式图

图8-27　棉花袖设计（单位：cm）

5. 三片袖鼓袖

三片袖鼓袖设计如图8-28所示。

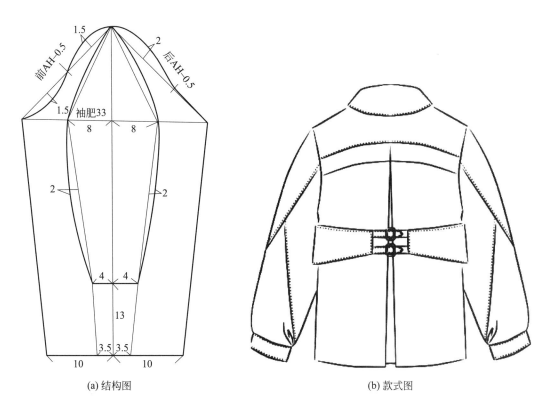

(a) 结构图　　　　　　　　(b) 款式图

图 8-28　三片袖鼓袖设计（单位：cm）

6. 羊角袖

羊角袖设计如图8-29所示。

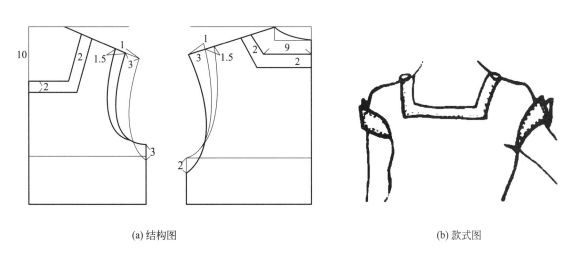

(a) 结构图　　　　　　　　(b) 款式图

图 8-29　羊角袖设计（单位：cm）

7. 无袖山碎褶袖

无袖山碎褶袖设计如图8-30所示。

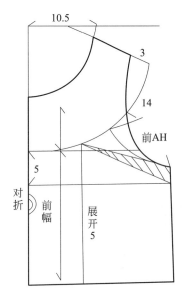
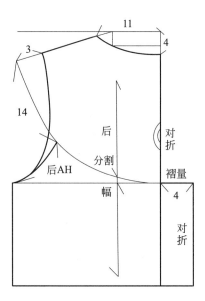

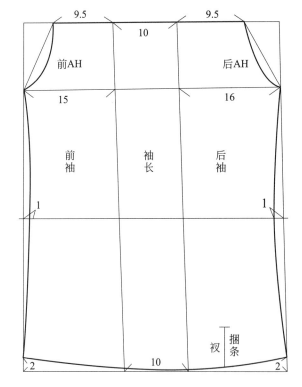

(a) 结构图

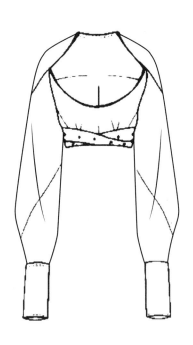

(b) 款式图

图 8-30　无袖山碎褶袖设计（单位：cm）

8. 插肩袖

插肩袖设计如图8-31、图8-32所示。

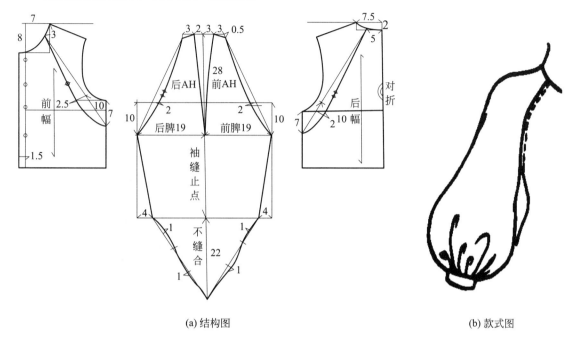

(a) 结构图　　　　　　　　　　　　(b) 款式图

图 8-31　插肩袖设计一（单位：cm）

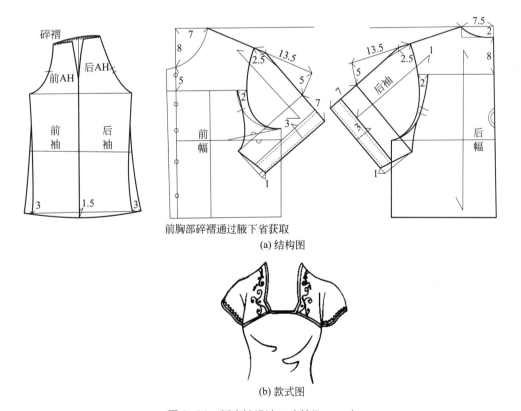

前胸部碎褶通过腋下省获取

(a) 结构图

(b) 款式图

图 8-32　插肩袖设计二（单位：cm）

9. 宽松一片三角袖

宽松一片三角袖设计如图8-33所示。

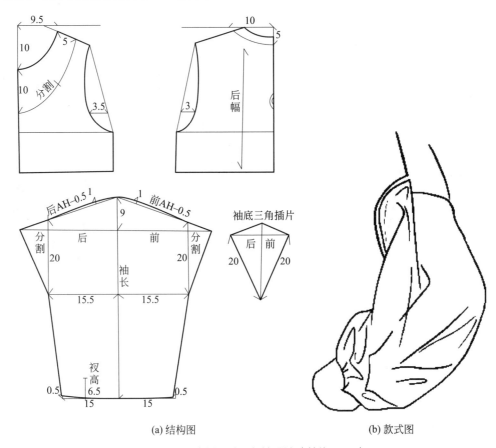

(a) 结构图

(b) 款式图

图 8-33　宽松一片三角袖设计（单位：cm）

10. 冲肩盖袖

冲肩盖袖设计如图8-34所示。

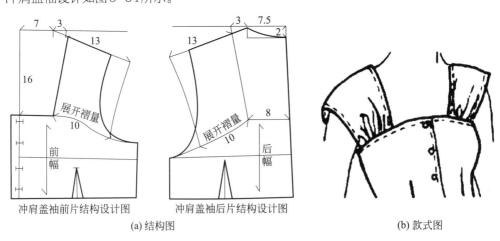

冲肩盖袖前片结构设计图　　冲肩盖袖后片结构设计图

(a) 结构图

(b) 款式图

图 8-34　冲肩盖袖设计（单位：cm）

11.蝴蝶袖

蝴蝶袖设计如图8-35所示。

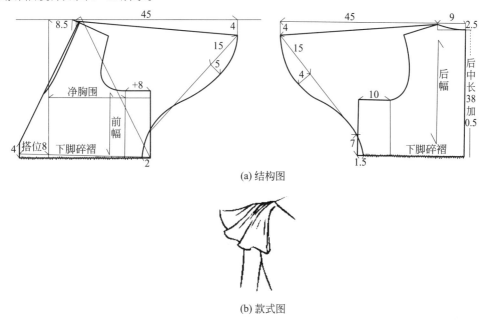

(a) 结构图

(b) 款式图

图 8-35 蝴蝶袖设计（单位：cm）

12. 双层罩袖

双层罩袖设计如图8-36所示。

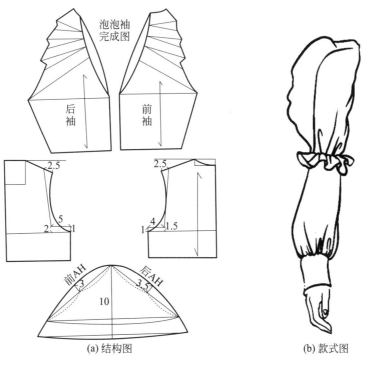

(a) 结构图 (b) 款式图

图 8-36 双层罩袖设计（单位：cm）

13. 灯罩袖

灯罩袖设计如图8-37所示。

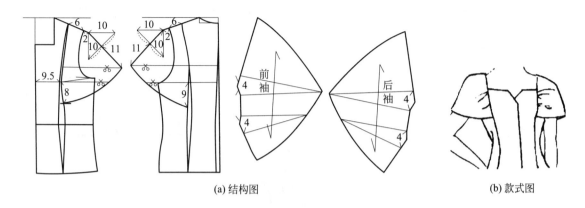

(a) 结构图　　　　　　　　　　　　　　　　　(b) 款式图

图 8-37　灯罩袖设计（单位：cm）

14. 铜盆袖

铜盆袖设计如图8-38所示。

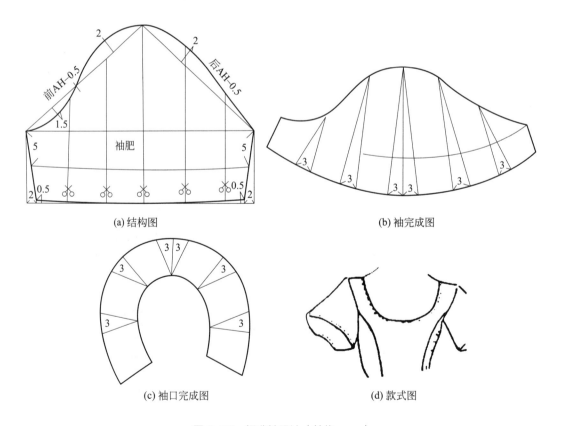

(a) 结构图　　　　　　　　　　　　　　　　　(b) 袖完成图

(c) 袖口完成图　　　　　　　　　　　　　　(d) 款式图

图 8-38　铜盆袖设计（单位：cm）

15. 蝙蝠衫袖

蝙蝠衫袖设计如图8-39所示。

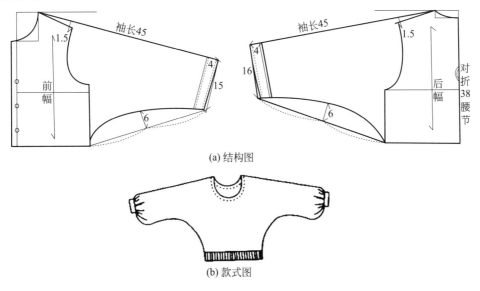

(a) 结构图

(b) 款式图

图8-39　蝙蝠衫袖设计（单位：cm）

16. 泡泡插肩袖

泡泡插肩袖设计如图8-40所示。

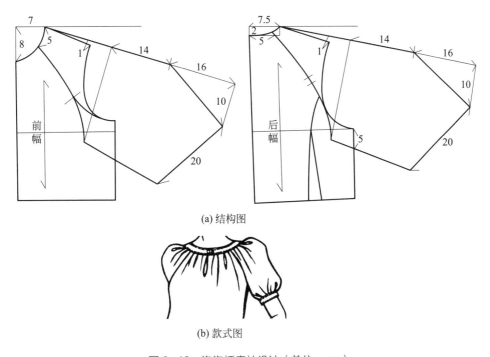

(a) 结构图

(b) 款式图

图8-40　泡泡插肩袖设计（单位：cm）

17. 敞领披肩袖

敞领披肩袖设计如图8-41所示。

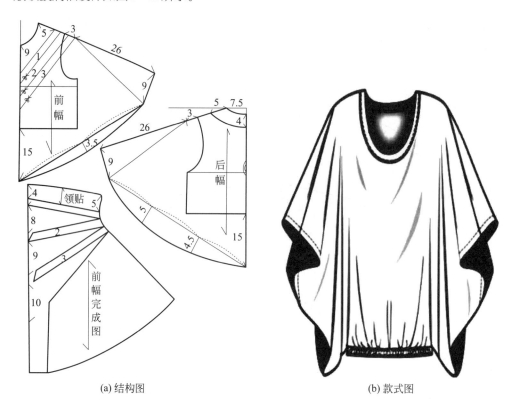

（a）结构图 （b）款式图

图 8-41　敞领披肩袖设计（单位：cm）

18. 荷叶浪领披肩袖

荷叶浪领披肩袖设计如图8-42所示。

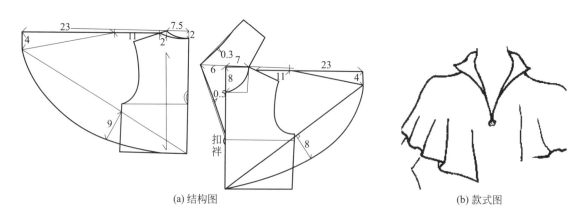

（a）结构图 （b）款式图

图 8-42　荷叶浪领披肩袖设计（单位：cm）

19. 宽松连体袖

宽松连体袖设计如图8-43所示。

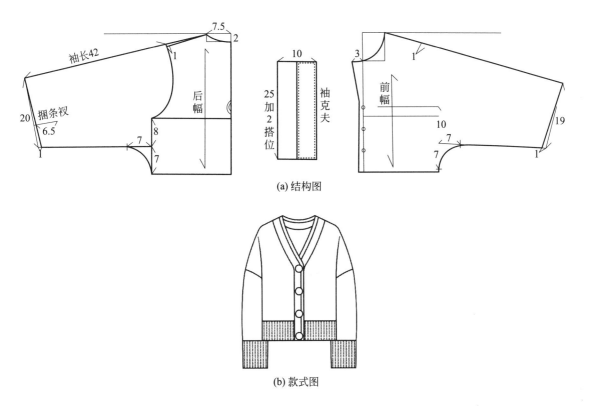

(a) 结构图

(b) 款式图

图 8-43 宽松连体袖设计（单位：cm）

第九章
领型纸样设计

领型从结构上可以归纳为四类，即立领、企领、扁领和翻领。由于各类领型结构之间存在相互关联，因此各类领型纸样之间并不是孤立的，而是在其结构中互为利用和转化，所以有时领型的类型特点不甚明确。由此可见，所有领型的纸样设计是有共同规律可循的，这就是立领原理。

第一节　立领原理

立领原理的核心表现为由领底线曲率制约领型，这个原理对任何领型纸样设计都具有指导性作用。在四类领型中立领的结构最简单。在传统的纸样裁剪设计中，通常采用定型的采寸方法，立领、企领、扁领和翻领都各有一套采寸程式，很少考虑它们之间有什么必然的联系与规律。本节试图从立领原理的剖析中寻找出这种联系和规律。

一、立领的直角结构

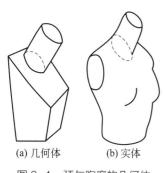

(a) 几何体　　(b) 实体

图 9-1　颈与胸廓的几何体
和实体

学习立领纸样之前，需要了解立领的直角结构。立领的直角结构是根据颈和胸廓的连接构造产生的。如果以几何模型将人体构造加以呈现，则胸廓为前胸呈现两个斜面的六面体，在其靠上的斜面以接近垂直的角度伸出颈部圆柱体，可以把这个模型理解为忽略细微变化的胸廓和颈部的立体构造，即颈部和胸廓的构成角度是直角。然而，实际人体的颈胸结构呈钝角，整体的颈部造型呈下粗上细的圆台体（图9-1）。根据这种分析，构成立领的直角结构是长方形，大致类似于人体几何模型的颈胸结构。

立领的制图过程如下：以领口尺寸加上前搭门为立领底线长，以此长度作水平线，然后垂直该线确定领宽，立领上口和领底线呈现平衡状态。这种细长方形结构所构成的领型就是直角立领（图9-2）。在立领中影响领型变化的有两个因素，一是和领口相接的立领底线，二是立领的高度，而起决定作用的是前者。立领造型中有两项重要的指标参数，一是各内角保持不变（90°），二是领底线和领口长应该是相互吻合的。换言之，领底线长度是相对不变的。在这种前提下，改变立领造型，无非是向钝角立领或趋向锐角立领发展，制约这种结构变化的关键在于领底线的曲度。如果说在立领的直角结构中，领底线长度一定的话，那么领底线上曲或下曲就构成了钝角和锐角立领结构的全部过程。

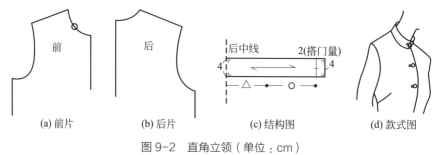

(a) 前片　　　　(b) 后片　　　　(c) 结构图　　　　(d) 款式图

图 9-2　直角立领（单位：cm）

二、立领的钝角结构及其变化规律

立领的钝角结构是指立领与衣身的角度呈钝角，这时立领的上口小于领底线呈台体。根据领底线曲度原理，在领底线长度和立领内角不变的前提下，将领底线向上弯曲，这时立领上口变小，曲度越大，上口与底边的差越大，台体的特征越明显。当领底线曲度与领口曲度完全吻合时，立领特征消失，变为原身出领（图9-3）。这实际上反映出领型结构从量变到质变的规律。然而领底线上翘的选择是有条件的，如领底线上翘应保证立领上口围度不能小于颈围。下面通过实例来说明这种结构的合理变化过程。

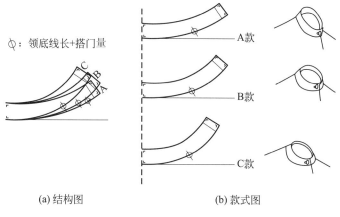

(a) 结构图　　　　　　　　　　(b) 款式图

图 9-3　领底线上曲线形成的钝角立领系列

一般的立领实际上呈钝角结构，这和人体的颈、胸构造相吻合。根据这种要求，一般立领底线弯曲的程度和位置的选择是很严格的。首先领底线上翘度要考虑立领上口围度比实际颈围大，以便于活动，通常设在1cm左右，1cm翘度为一般立领底线翘度的平均值，它的合理公式为在领宽相对不变的情况下（2.5cm左右），翘度为领口和颈围之差的二分之一，这个公式只作为一般合体立领结构的理论依据，而在实际设计中要灵活得多。领底线弯曲的位置在该线靠近前颈窝的三分之一领口线处（图9-4）。

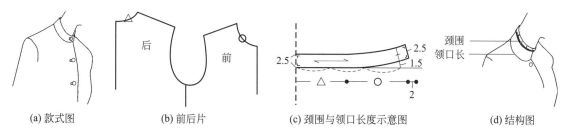

(a) 款式图　　　　(b) 前后片　　　　(c) 颈围与领口长度示意图　　　　(d) 结构图

图 9-4　一般立领的翘度（单位：cm）

$$注：翘度 = \frac{领口长 - 颈围}{2}$$

当领底线翘度增加到6cm时，虽然领型结构仍然合理，但在功能上由于领底线上翘过大，立领上口线小于颈围而会产生不适感。因此，领底线翘度必须有领宽相对不变这个前提，如果选择大翘度的立领设计要注意两个问题：一是要选择领宽较窄的造型，因为领宽越窄，立领上、下边反差越小，制约性也就越小；二是要适当开大领口，当领底线上曲明显，而领宽也突出时，要将基本领口开大，使立领上口线仍保持大于颈部的状态（图9-5）。

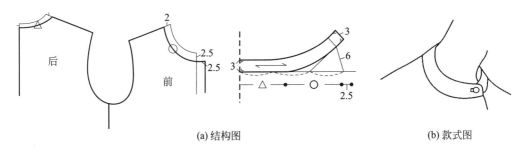

(a) 结构图　　　　　　　　(b) 款式图

图 9-5　立领底线翘度与领口开度（单位：cm）

当设计高立领时，领底线翘度不宜过大，这是由其造型所决定的，当立领宽度超过颈高，要通过开大领口，使立领上口线保持头部活动的容量（图9-6）。总之，无论领底线曲度、领口开度及领高如何吻合，都要以保证立领上口线不影响颈部活动和舒适为原则。

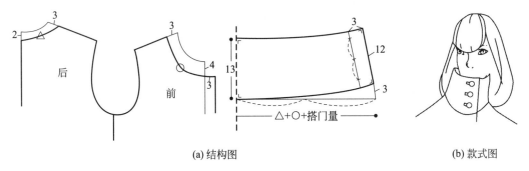

(a) 结构图　　　　　　　　(b) 款式图

图 9-6　立领底线翘度与领高、领口开度的关系（单位：cm）

三、立领的锐角结构及其变化规律

立领的锐角结构是由直角立领的水平底线向下弯曲，使立领上口线大于领底线形成的。因此，构成的倒台体领型结构称为立领的锐角结构。立领的锐角结构与立领的钝角结构恰好相反，领底线下曲度越大，立领上口线越长，使立领的上半部分容易翻折，构成事实上的领底座和领面的结构，这就是企领结构形成的基本原理。而且领底线下曲度越大，立领翻折量越多，当和领口曲线完全相同时（曲度相同，方向相反），立领就全部翻贴在肩部，立领特点完全消失，变成扁领结构（图9-7）。

综上所述，立领底线曲度是制约领型的焦点，弯曲的程度和位置又可以做不同造型的选择，同时它与领口开度领高的综合作用形成了领型纸样设计的基本规律和内容。然而，立领不能取代其他领型结构，因为不同类型的领型又有各自造型功能的特殊要求。因此，在把握其普遍规律的前提下，还要掌握各自的特殊结构要求。

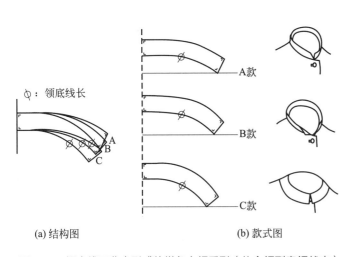

(a) 结构图　　　　　　　　(b) 款式图

图 9-7　领底线下曲度形成的锐角立领系列（从企领到扁领状态）

第二节 企领纸样设计

企领是由领座和领面两部分组成的，如衬衫领、中山装领都属于企领。企领以立领作领座、翻领作领面组合构成。由于企领是在立领原理制约下与翻领进行组合而成的，因此，形成了企领的底线曲度和领座、领面的结构关系，这种关系所反映的造型特征是"企"和"伏"的程度，故此有企领和半企领之说。

一、企领与半企领的分体结构

企领是指立企程度较大的领型，如衬衫领。企领的领型庄重、俏丽，在结构上表现为领底线上翘较小，接近立领的直角结构。相反，半企领领底线上翘较大，领座成型后较为平伏。虽然在外形上很难划分它们的界限，但在结构处理上两者有所区别。形成领座、领面的企领为分体结构，分体的企领或半企领无论哪一种，都是由领座底线上翘所致。这种分体结构更符合人体的颈胸结构，由于领面要翻贴在领座上，这就要求领面和领座的结构恰好相反，即领座上弯，领面下弯，这样领面外围线大于领座底线而翻贴在领座上。根据这种造型要求，领座上弯和领面下弯的配合应是成正比的，即领座底线上翘度等于领面底线下曲度。这是企领领座和领面容量达到符合的理论依据。

如果企领领面需要特别的容量，可以修正两个曲度的比例，按照立领原理，领面下弯度小于领座上翘度，领面会贴紧领座甚至无法盖住领座，这是要尽量避免的；反之，领面翻折后空隙较大，翻折线不固定，领型有自然随意之感。为此，我们可以得到领座上翘度和领面下弯度的一系列关系式：在一般领面大于领座1cm时，领座上翘度等于领面下弯度；领座上翘度越小，立企度越强，称为企领；领座上翘度越大，立企度越弱，称为半企领。为阐明其中关系，下面列举企领、便装企领、风衣企领三个案例。

1. 企领

衬衫领是企领的标准形式，领型庄重，因此选择领底线翘度、领口和领宽更贴近颈部结构，通常以一般立领结构为基础。确定领座小于1cm领面的后中线并与衣身纸样方向一致，以后领口和前领口的二分之一加上搭门1.5cm为领座底线长，与后中线垂直。在该线靠前颈点三分之一处上翘1cm并修顺底线。设后领座宽3cm，前领座宽2.5cm，修顺领座上口线，搭门领台修成圆角。在后中线上，从领座上取领座底线翘度约两倍（2cm）处确定一点，由该点至领座的前中点连成与领座曲度相反的曲线，该曲线为领面底线。在实际应用中，由于领面底线的接口等于领座上口线，而领座上口线的上曲度小于领面下口线，因此，如果要使造型领面底线下曲度与之严密配合的话就应小于2cm（1.5cm），即得到领座翘量×2-0.5cm的领面下弯度公式。领面后中宽度为领座宽度加1cm，以保证领面翻贴后覆盖领座。领角造型可以根据女装款式设计修成圆角（图9-8）。

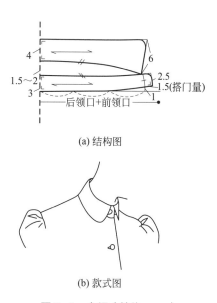

(a) 结构图

(b) 款式图

图9-8 企领（单位：cm）

2. 便装企领

便装企领也可看作半企领，其造型特点宽松自如，领底线翘度可适当加大，并根据需要开大领口。按常规，前领口开度大些，后领口开度要适中并较稳定。以新确定的领口加搭门为领座底线长，在该线三分之一处上翘2.5cm，参考企领的例子完成领座。领座和领面间的间距是4~5cm（约2.5cm×2），即以领座底线翘度的2倍为依据。领面参照上面的例子完成（图9-9）。

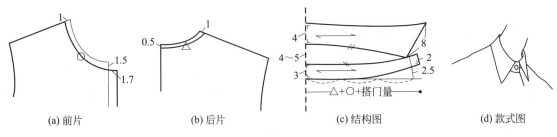

| (a) 前片 | (b) 后片 | (c) 结构图 | (d) 款式图 |

图9-9　便装企领（半企领）（单位：cm）

3. 风衣企领

领型从肩向颈部倾斜，领座相当于立领的钝角结构。领面容量较多（不贴紧领座），这是因为加宽的领面在穿用时需要经常立起，用于挡风遮雨。整个企领前端与前中点保持一定距离。在纸样设计中，首先确定领中开度和双排扣翻驳领部分。与企领相连接的领口作为领座底线并起翘2cm，领座前宽是3cm，后宽为4em，修顺上、下边线，完成领座。为更准确地设计领面下弯度，在水平线上制图，如图9-10设下弯度为5cm说明领面下弯度相对领座上翘（领座上翘与领面下弯度相等时为2cm）多了3cm，这时领面也要追加3cm为8cm（4cm+1cm+3cm=领座+必要值+追加值），领角为款式设计。

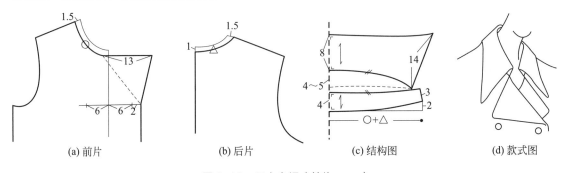

| (a) 前片 | (b) 后片 | (c) 结构图 | (d) 款式图 |

图9-10　风衣企领（单位：cm）

从这个例子可以看出，领座上口线与领面底线长度虽相同，但曲度反差大，而且领面大于领座，这意味着领面外围线容量大而翻折方便，并向肩部延伸。根据这个经验公式，可以设计风衣企领的很多种采寸方案：在领座翘度相对稳定的前提下，领面宽度增加1cm，领面底线下弯度也追加1cm，直至达到最大化（扁领结构）。

二、企领的连体结构

企领由立领作领座，翻领作领面组合构成的结构最为普遍，但有时为简化工艺，可将领座和领面连成一体，使立领上口大于领底线产生翻领所形成的连体企领结构。由于领底线下曲度的范围较大，形成了连体企领不同幅度的造型。需要强调的是，连体企领的底线上翘时，不能超过

1cm，否则领面翻折困难，这种结构主要用于较服帖、立度较强的企领。因此，连体企领的结构更适合宽松的便装设计。

1. 合体的连体企领

确定领底线之后，起翘1cm修顺底线。后领总宽为领座3.5cm加上领面4.5cm，前领台为3cm，领角为方形。领座和领面之间用翻折线区分。由于合体的连体企领立度强，领面的容量很小，为此领面和领座的面积很接近，领面宽以领座不暴露为原则（图9-11）。当连体企领需要增大领面时，只能使领底线向下弯度增加。

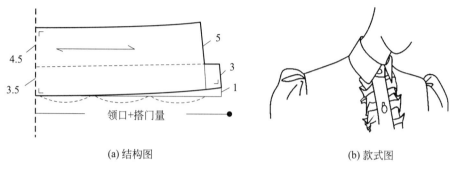

(a) 结构图　　　　　　　　　　　　(b) 款式图

图9-11　合体的连体企领（单位：cm）

2. 平企领

平企领的领座和领面的面积差较明显，而且领座从后中到前中逐渐消失。根据前述分体风衣企领和合体连体企领的制图经验，可以总结出平企领（连体结构）的关系式，即领底线加大1cm的下弯度，领面就要追加1cm。如果领底线下弯度为2.5cm，领面就应该比领座大出2.5cm，设领座为2.5cm时，领面应为5cm，领面总是等于领座与领面底线下弯量之和（图9-12）。如果设领底线下弯度为4cm（领座不变），领面宽应为6.5cm。以此类推，可达到极限成为扁领结构的企领。

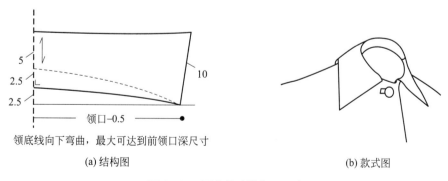

领底线向下弯曲，最大可达到前领口深尺寸

(a) 结构图　　　　　　　　　　　　(b) 款式图

图9-12　平企领（单位：cm）

3. 风衣式连体企领

属平企领结构，是在V字形领口的基础上设计的，与风衣领的特点相近，不同的是领座和领面是一整体。由于风衣领要求翻折自如，需加大领面容量，故此在平企领结构基础上领底线下弯幅度有意识加大（图9-13）。

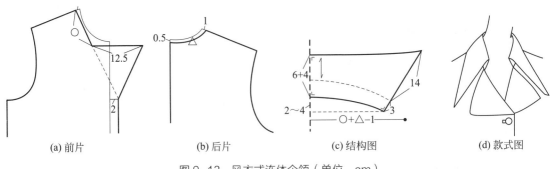

(a) 前片　　　　　　　(b) 后片　　　　　　　(c) 结构图　　　　　　　(d) 款式图

图9-13　风衣式连体企领（单位：cm）

上述连体企领的采寸实际上与分体企领的结构规律殊途同归。重要的是设计师要灵活运用原理，例如应用领底线弯曲位置的不同，可以设计出局部造型的特殊效果，如图9-14所示。

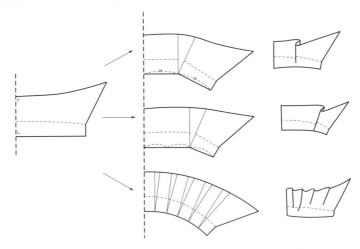

图9-14　领底线下曲位置和容量分配不同的领型效果

第三节　扁领纸样设计

扁领，也称平领。扁领和连体企领不存在严格的界线，扁领底线比领口线偏直，其中有两个原因：一是扁领整体领片的弯曲过大而出现斜丝，使外围易拉长，减小领底线曲度可以使扁领的外围减小而服帖在肩部，使领面平整；二是领底线的曲度小于领圈，使扁领仍保留很小一部分领座，促使领底线与领口接缝隐蔽，不直接与颈部摩擦，同时可以造成扁领靠近颈部位置微微隆起，产生一种微妙的造型效果。

一、一般扁领

一般扁领可以理解为扁领的标准结构。为了获得一般扁领底线曲度的准确性，通常借用前、后衣片纸样的领围作为依据。图9-15为一般扁领，根据扁领贴肩和接缝隐蔽的原则，将领底线处理成偏直于领口的曲线，因此在借用前、后衣片领口时，应对准前后侧颈点，将前、后肩部重叠前肩线的四分之一，由此产生的领口曲线为扁领底线的曲度。最后根据领型设计，直接在已确定领底线的前、后衣片纸样上确定扁领外围线，完成一般扁领纸样。

　　从一般扁领纸样的结构可以看出，制图中的扁领外围线比前、后衣片对应部位的尺寸实际上要短些，扁领底线曲度比实际领口曲度偏直。这种结构制成以后，自然使扁领的外围向颈部拱起，造成领接缝内移，领圈呈现微拱形，并产生微小领座。当然，这种拱形大小取决于前、后衣片纸样肩部重叠的程度，重叠越多则领座越明显，且越趋向企领结构；反之则趋向纯扁领结构。

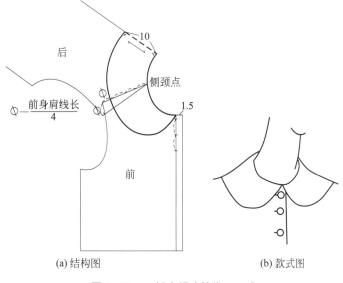

(a) 结构图　　　　(b) 款式图

图 9-15　一般扁领（单位：cm）

二、扁领的变化

　　扁领的造型结构极为丰富，其内在结构相对稳定，它的变化主要是靠外在的造型设计。由于扁领几乎没有领座，因此颈部的活动区域无任何阻碍。扁领多用在便装和夏装中，如海军领、荷叶领、T恤领等。

　　海军领也叫水兵领，属扁领结构。根据生产图理解，领不宜过分贴肩，为此前后身肩部重叠量较少。前片设套头式门襟。在纸样设计上，前后身的侧颈点重合，肩部重叠1.5cm，确定领底线曲度，按设计要求，把领口修成V字形，以此为基础画出海军领型。把这种海军领理解为领圈拱起的造型也是成立的，这就需要前后肩的重叠部分增大，使领底线偏直于领口，重新画出海军领型（图9-16）。

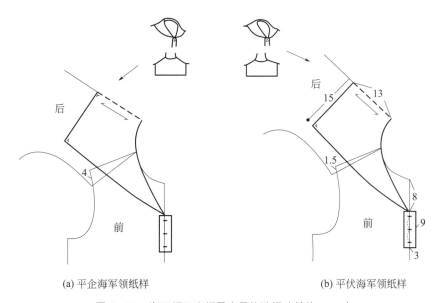

(a) 平企海军领纸样　　　　(b) 平伏海军领纸样

图 9-16　海军领及扁领叠肩量的选择（单位：cm）

从上述案例可以看出，利用前后身肩部重叠量的大小来把握扁领底线的曲度，肩部重叠量越大，扁领底线曲度越小，领圈拱起幅度越多，这意味着扁领的领座增加，领面相对减少，趋向连体企领结构；相反，如果领型的外容量需要增加，可以将前后片肩线合并使用。当造型需要有意加大扁领的外沿容量使其呈现波形褶，这时要通过领底线进行大幅度的增弯处理，也就是说，领底线弯曲度远远超过领口弯曲度，促使外围增大容量。方法是通过切展使领底线加大弯曲度，增加外围长度，在制作过程中，当领底线还原后使领外沿挤出有规律的波浪褶。这就是荷叶领的结构设计。在纸样处理中，为达到波形褶的均匀分配，采用平均切展的方法完成，波浪褶的多少取决于扁领底线的弯曲程度（图9-17）。

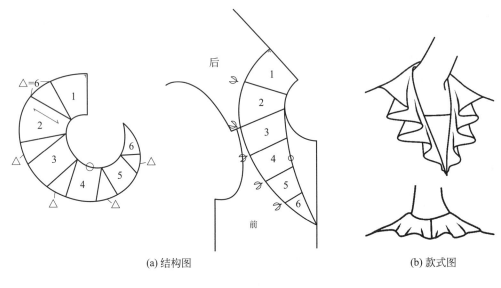

(a) 结构图　　　　　　　　　　　　　(b) 款式图

图 9-17　荷叶领结构设计图

第四节　翻领纸样设计

翻领是以西装领结构作为基础，由驳领和翻领组合而成。驳领很像扁领的外观，翻领具有企领和扁领的综合特点，它与驳领连接形成领嘴造型。整个翻领正视时似扁领造型，由于翻领由领面和领座构成，从侧面和后面观察又具有企领的造型特征。在设计翻领纸样时，翻领领底线曲度是整个翻领结构的关键。由于翻领的结构具有所有领型结构的综合特点，所以翻领是四大领型中最富有变化、用途最广，也是最复杂的一种。

一、翻领底线倒伏设计的依据

从结构规律的角度归纳而言，翻领的结构规律接近扁领，与半企领相似。基于连体企领的底线曲度与领型的变化关系，即领底线下曲度越大，领面和领座的面积差越大，领面容量越多，以至完全转化为扁领结构；反之，其结果相反，以至完全转化为立领结构。

翻领领面与肩胸要求服帖，因此，领面和领座的空隙小，但领底线不能上翘。按照连体企领规律，底线上翘不能使领面翻贴在领座上，即不服帖，所以必须将领底线向下弯曲，这种翻领特有的结构称为领底线倒伏。领底线倒伏是根据翻领特殊的制图方法制作的，为了使翻领与领口在结构中组合得准确，要借用前衣片进行设计，这时翻领底线竖起，当需要增加领面容量时，将底线向肩线方向倒伏，它与领底线下曲度原理是一致的。

　　女装一般翻领的标准是从男装西服领借鉴来的，基本保持了男装西服领的特点，即翻领开度至腰；翻驳领宽度适中，翻领与驳领构成八字领型。在设计纸样时，使用衣片基本纸样，前门襟开至腰部，并设搭门1.5cm，搭门线和腰线交点为第一扣位称驳点。驳领设计，从侧颈点沿肩线伸出领座宽尺寸，设领座宽为2.5cm（此尺寸相对稳定），从此点到驳点的连线为驳口线或称驳领翻折线。通过侧颈点作该线的平行线为领底线的辅助线，通过肩线中点作前领口切线为驳领衔接的公共边线，亦称串口线，两线所构成的夹角为新的翻领领窝。垂直于驳口线，取驳领宽为8cm交于串口线上，并以此点到驳点用微凸线画出驳领边线即止口线，完成驳领。然后，在串口线上取驳领角宽为3.5cm，作90°领角，取翻领角宽为驳领角宽减去0.5cm。在领底线的辅助线上，从侧颈点上取后领口长，与通过侧颈点引出垂直线的夹角距离（x值）加领面与领座的差（1cm）就是它的倒伏量而构成新领底线，垂直该线引出翻领后中线，取2.5cm为领座，3.5cm为领面，用引出角为直角的微曲线连至翻领角。最后分别把领底线到领口线、翻折线到驳口线平滑顺接，完成全部翻领结构（图9-18）。

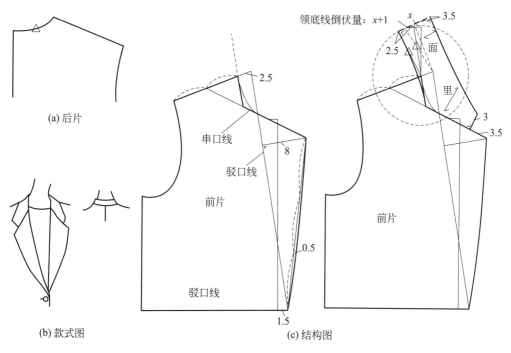

图9-18　一般翻领（单位：cm）

　　从一般翻领的采寸可以看出，领嘴的角度、大小，翻领和驳领的比例，不过是形式和互补关系的选择，它们对结构的合理性不产生直接影响，因此，翻领形式的设计完全由实际要求和习惯作为指导。而领底线倒伏量的设计，就不是一个简单的形式问题了，因为它对整个领型结构产生影响。倒伏量的x值依驳点的改变而改变，领座和领面差设为1cm，根据立领原理，它们的差越大倒伏量就越大。显然，这是从较贴身翻领的各种因素综合考虑所确定的倒伏标准的采寸规律。假设一般翻领的款式不变，领底线倒伏量大于正常用量，就意味着领面外围容量增大，可能产生翻折后的领面与肩胸不服帖的现象。如果倒伏量为零或小于正常的用量，使领外围容量不足，可能使肩胸部挤出褶皱，同时领嘴拉大而不平整（图9-19）。

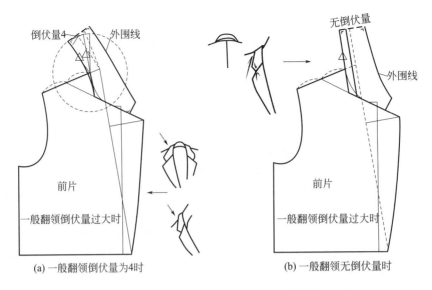

(a) 一般翻领倒伏量为4时　　　　　　　(b) 一般翻领无倒伏量时

图 9-19　翻领底线倒伏量不适当的后果（单位：cm）

因此，从结构自身规律而言，翻领底线倒伏量"$x+1$"表现出完全动态的关系式：x 值（通过侧颈点的驳口线和垂直线夹角距离）是由驳点的高低在控制，驳点越高说明开领越小，驳口线斜度越大与垂直线形成的夹角距离（x 值）就越大（图 9-20）。1cm 是指最基本的领面与领座差（领座尺寸相对稳定），当领面加大时 1cm 就变成了 n，根据企领原理必须相应增加同等量的倒伏量，可以说这是控制整个翻领纸样设计的关键。当然，这两种情况往往同时出现，"$x+n$"的关系式正是基于这种考虑，这种情况更多地出现在外套大翻领设计中（图 9-21）。

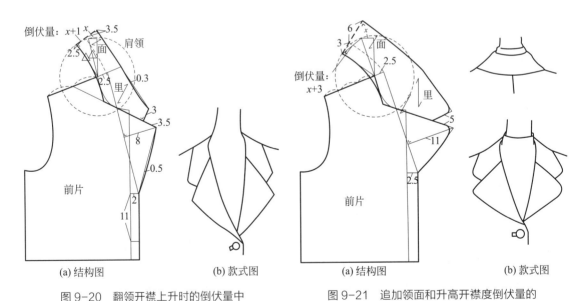

图 9-20　翻领开襟上升时的倒伏量中　　　　图 9-21　追加领面和升高开襟度倒伏量的
　　　　x 值增加（单位：cm）　　　　　　　　　x 和 n 值都会增加（单位：cm）

选择不同面料或不同领型对倒伏量设置均有影响，这其中存在的些许变化可以作为基础样板尺寸倒伏量微调的依据。

面料的材质不同会影响领型结构变化，其中，由于毛织物选择的原料和织物结构的不同，其伸缩性也不同，作用于不同面料的领底线倒伏量不同。通常天然织物或粗纺织物的伸缩性较大，领底线倒伏量要小；人造或精纺织物的弹性相对要小，领底线倒伏量就要适当增加。调整量可在前述两个条件基础上做0.5cm的微调。

在翻领的款式上一般采用带领嘴的形式。领嘴的张角实际起着翻领容量的调节作用。因此，带领嘴翻领的底线倒伏的设计通常较为保守。而没有领嘴的翻领，其调节容量的作用就变小，所以这种翻领的底线倒伏量要适当增加，调整量也做+0.5cm的微调，如青果领的设计就要适当增加（图9-22）。

另外，在翻领结构中，为使翻领结构造型更加完美，也常运用类似的分体企领结构。这种结构可以使翻领后部贴紧颈部，领面服帖而柔和。在纸样处理上，将底线不倒伏的翻领，靠近翻折线1cm领座处断成两部分，余下的领座部分不变，把其他部分的翻领底线做倒伏处理。倒伏量的依据和上述相同，重新修正纸样，这是一种深结构的翻领设计，更多用在不宜归拔面料的翻领纸样中（图9-23），这种处理也常用在外套和休闲装的翻领设计中。

在实际翻领的纸样设计中，驳头的开深程度、领面领座的面积差、面料性能和领型等诸因素往往在同一结构中出现，因此，设计师要注意根据综合因素造型的是中厚毛织物。

二、翻领造型的采寸配比及应用

女装翻领结构的外在变化受内在一般规律的影响，同时，翻领造型遵循着审美习惯，如西装领造型受绅士阶层的戒律和传统的原始功能影响较深。服装设计师习惯于在一种传统的审美要求下进行设计创作，至今设计师仍把它当作一个不成文的规定，旨在表现一种变化的程式之美。这作为一种专业知识值得被重视，设计师既要了解行业规矩，但又不能视此为一成不变之物。以下列举部分案例作为参考，如图9-24~图9-33所示。

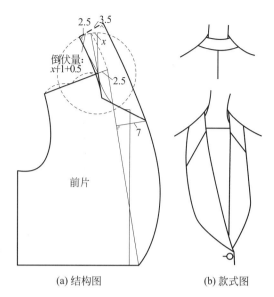

(a) 结构图　　(b) 款式图

图9-22　无领嘴翻领倒伏量应适当加大（单位：cm）

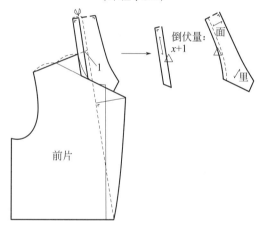

图9-23　翻领分体结构的倒伏量转移（单位：cm）

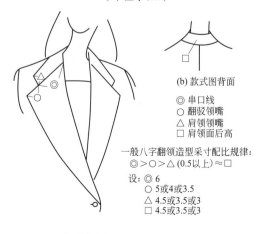

(b) 款式图背面

◎ 串口线
○ 翻驳领嘴
△ 肩领领嘴
□ 肩领面后高

一般八字翻领造型采寸配比规律：
◎＞○＞△（0.5以上）≈□
设：◎ 6
○ 5或4或3.5
△ 4.5或3.5或3
□ 4.5或3.5或3

(a) 款式图正面

图9-24　八字领造型的采寸配比（单位：cm）

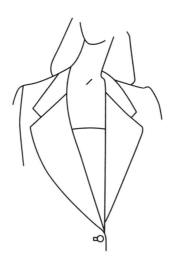

(a) 款式图

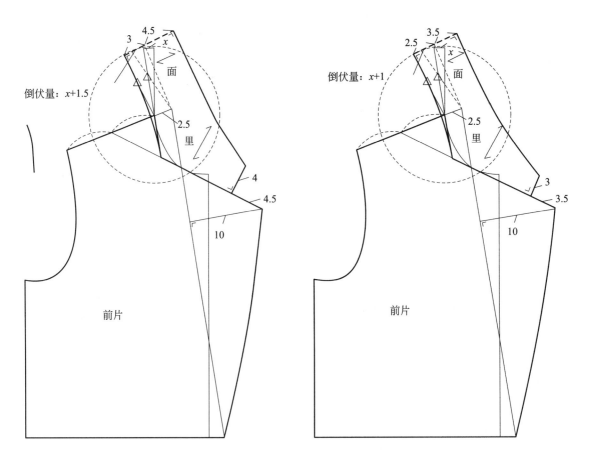

(b) 结构图

图 9-25　正确配比设计的两款翻领设计（单位：cm）

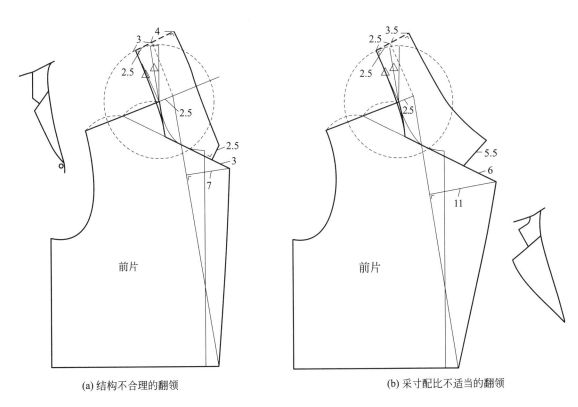

(a) 结构不合理的翻领

(b) 采寸配比不适当的翻领

图 9-26 结构不合理、采寸配比不适当的两款翻领结构设计图（单位：cm）

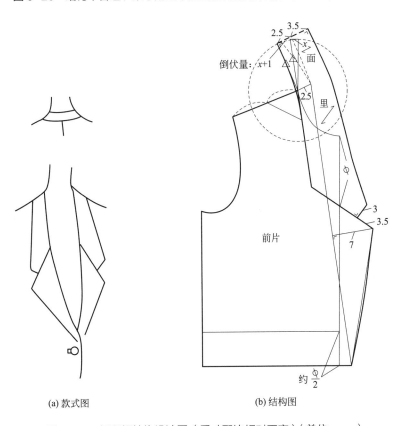

(a) 款式图

(b) 结构图

图 9-27 低翻领结构设计图（采寸配比相对不变）（单位：cm）

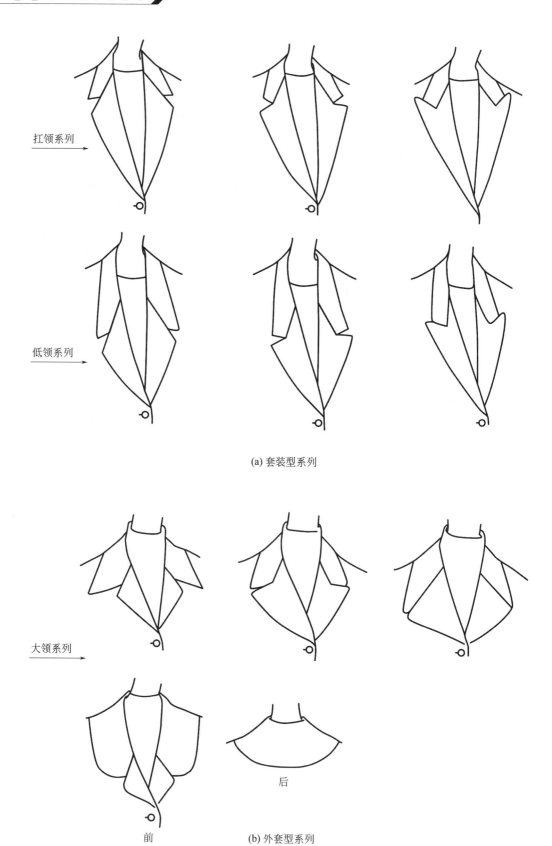

扛领系列

低领系列

(a) 套装型系列

大领系列

前　　　　　　(b) 外套型系列

后

图 9-28　翻领系列设计

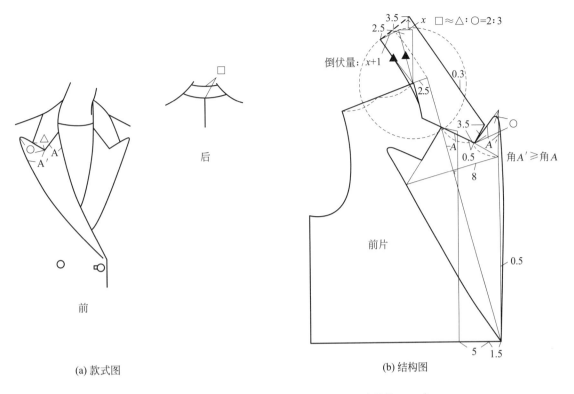

(a) 款式图　　　　　　　　　　　(b) 结构图

图 9-29　双排扣枪驳尖领采寸的配比关系（单位：cm）

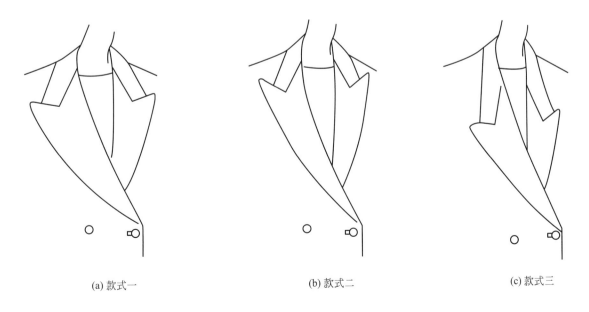

(a) 款式一　　　　　　　(b) 款式二　　　　　　　(c) 款式三

图 9-30　双排扣枪驳领的三款设计

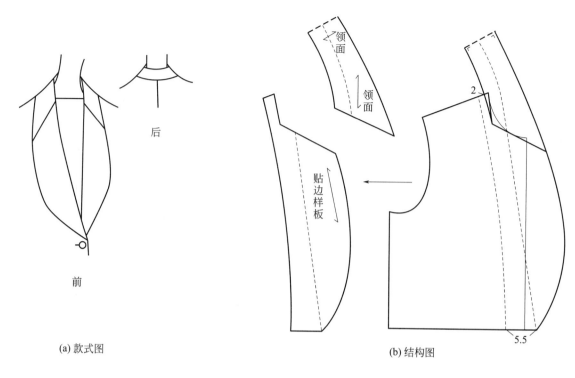

(a) 款式图　　　　　　　　　　　　(b) 结构图

图 9-31　有接缝的青果领结构设计图（单位：cm）

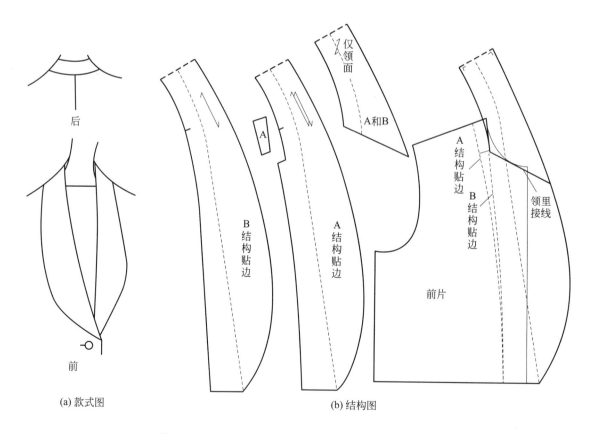

(a) 款式图　　　　　　　　　　　　(b) 结构图

图 9-32　无接缝的青果领的两种纸样处理（单位：cm）

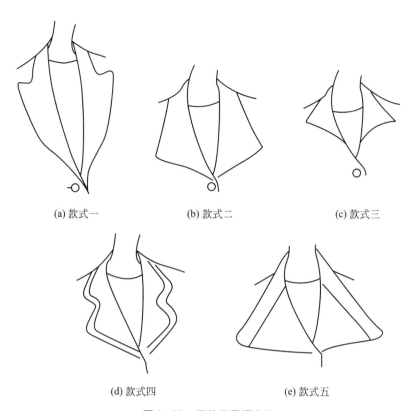

(a) 款式一　　　　　　　(b) 款式二　　　　　　　(c) 款式三

(d) 款式四　　　　　　　(e) 款式五

图 9-33　五款青果领变体

第十章
经典女装纸样设计案例

基本纸样是开发系列纸样的关键，无论女装设计怎样变化多端，女装系列纸样设计方法都可以遵循女装基本纸样设计的固有规律。虽然不同的设计师获得基本纸样的方法不尽相同，但是，这一规律已被大量的实践证实是具有科学性与实用性的。服装生产企业之所以能够在市场上赢得消费者，可以说服装板型的合理性、美观造型起到了不可忽视的作用，所以说服装纸样设计也是服装企业生产的核心环节之一。本章重点讲述了女装中裙型的基础纸样、变化纸样以及不同裙型的款式特点，以女性人体为研究对象，对裙装腰臀部的结构细节进行研究。首先，观察人在穿裙装时腰线的实际固着形态及位置，确定高腰、中腰、低腰裙腰位形态及设计范围；其次，对裙装基本型具体结构进行设计与应用；最后，在基本型的基础上对裙型的变化纸样展开研究，优化裙型结构的设计方法。

第一节　裙型基础纸样设计及应用

在服装纸样设计中，裙装的纸样设计与其他服装纸样设计相比是较为简单的。正是由于裙装结构的简单性，所以原始人类以及农业时代的人们，不论男女服装都以裙装的装束为主。从服装结构的角度来说，围裹于人们腰间的材料所呈现出的服装状态就是裙装。

在现代女装中裙装也是非常重要的一个穿衣种类，是女性着装的常用服装品类。裙装的结构设计是将人体的下肢看作一个整体，裙装是围在人体下半身的服饰，无裆缝，呈筒状。裙装的结构包括：三个围度，即腰围、臀围、摆围；两个长度，即腰围至臀围的长度（臀高）和裙装的长度。任何一款裙装都涉及这些部位，它牵扯到具体人的体型和下肢的运动功能及款式造型，必须配合腰部、臀部及下肢部位的形体特点进行纸样设计。裙装的款式变化很多，造型美观、飘逸，能充分展现女性的优美体态。因此，裙装一直深受广大女性的欢迎，是女性主要的下装形式之一。

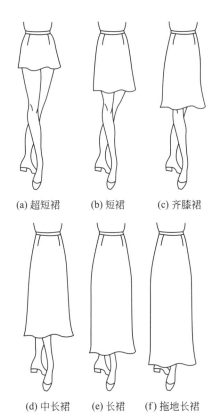

(a) 超短裙　　(b) 短裙　　(c) 齐膝裙

(d) 中长裙　　(e) 长裙　　(f) 拖地长裙

图 10-1　按裙长分类

一、裙装分类

1. 按裙长分类

裙装按裙长分为超短裙、短裙、齐膝裙、中长裙、长裙、拖地长裙等，如图10-1所示。

（1）超短裙。超短裙也称迷你裙，长度至臀沟，腿部几乎完全外裸，约为1/5号+4cm。

（2）短裙。长度至大腿中部，约为1/4号+4cm。

（3）齐膝裙。长度至膝关节上端，约为3/10号+4cm。

（4）过膝裙。长度至膝关节下端，约为3/10号+12cm。

（5）中长裙。长度至小腿中部，约为2/5号+6cm。

（6）长裙。长度至脚踝骨，约为3/5号cm。

（7）拖地长裙。长度至地面，可以根据需要确定裙长，长度大于3/5号+8cm。

超短裙与短裙款式特点分别如图10-2、图10-3所示。

齐膝裙与过膝裙款式特点分别如图10-4、图10-5所示。

中长裙、长裙、拖地长裙款式特点分别如图10-6~图10-8所示。

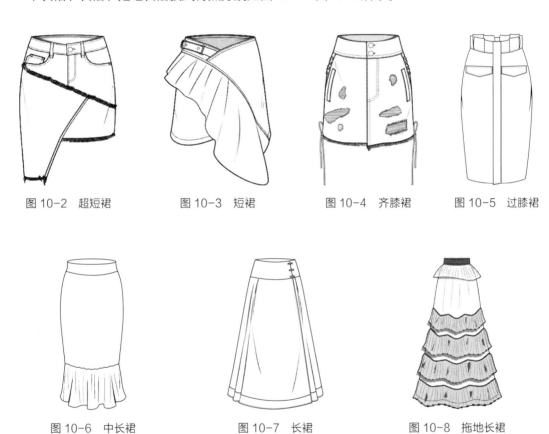

图 10-2 超短裙   图 10-3 短裙   图 10-4 齐膝裙   图 10-5 过膝裙

图 10-6 中长裙   图 10-7 长裙   图 10-8 拖地长裙

随着社会与生活不断变化发展，裙装款式也呈现出多样性特征。另外，还可以从制作方法、着装方式和用途等角度加以分类。半裙装作为整体服装的一部分，常与衬衫、外衣、马甲、T恤等配套，半裙装的腰部可采用腰头与裙片结构缝合的方式，也可以设计为连腰裙、低腰裙和高腰裙。裙装开门方式多样，可以前开、后开、侧开，还可以设计为松紧带式等。

连衣裙款式是指含有上衣部分的裙装，其结构设计方法多样，但是一般都需要将上衣原型部分与裙型结构片进行对接设计。如图10-9所示为吊带连衣裙，吊带背心原型部分与裙型结构片进行对接设计。

(a) 工装款式　　　(b) 绑带款式　　　(c) 人鱼骨款式　　　(d) 礼服款式

图 10-9　吊带连衣裙

如图 10-10 所示为上衣原型连衣裙，上衣原型部分与裙型结构片进行对接设计。

(a) 无袖连衣裙　　(b) 长袖连衣裙　　(c) 短袖长款连衣裙　(d) 长袖长款连衣裙

图 10-10　上衣原型连衣裙

2. 按腰围的高低分类

裙装按腰围的高低分为自然腰裙、无腰裙、连腰裙、低腰裙、高腰裙和连衣裙等，如图
10-11 所示。

(a) 无腰裙　(b) 低腰裙　(c) 自然腰裙　(d) 中腰裙　(e) 高腰裙　(f) 连腰裙

图 10-11　按腰围的高低分类

（1）自然腰裙。腰围线位于人体腰部最细处，腰宽3~4cm，采用腰贴或者滚边工艺。

（2）无腰裙。位于腰围线上方0~1cm，无须装腰，有腰贴。

（3）连腰裙。腰头直接连在裙片上，腰头宽3~4cm，有腰贴。

（4）低腰裙。腰头在腰围线下方2~4cm，腰头呈弧线，采用腰贴或者滚边工艺。

（5）高腰裙。腰头在腰围线上方4cm以上，最高可到达胸部下方，采用腰贴或者滚边工艺。

（6）连腰裙。裙型腰头在人体腰围线以上，腰头与裙片连裁，采用腰贴工艺。

3. 按裙摆的大小来分

裙装按裙摆的大小分为紧身裙、半紧身裙、斜裙、半圆裙和整圆裙。

（1）紧身裙。臀围放松量在4cm左右；结构较严谨，下摆较窄，需开衩或加褶。

（2）半紧身裙。与紧身裙结构款式相同，从腰部到臀部紧贴身体，臀围放松量为4~6cm，下摆稍大，结构简单，行走方便。

（3）斜裙。斜裙是一种裙摆宽松、两条侧缝呈放射状的锥形裙，又称喇叭裙或波浪裙。斜裙根据裙片数量可分为两片裙、四片裙、六片裙、八片裙和十二片裙等；按裙摆的大小根据侧缝斜角计算，有从60°斜角开始直至360°的各式圆台裙。各种角度的斜裙能展示出不同的风格和穿着效果，角度小的斜裙给人穿着合体、活泼的感觉，角度大的斜裙则有飘逸、潇洒的效果。设计时可根据人的体型、性格爱好和布料的特性等情况选择不同角度的斜裙。臀围放松量在6cm以上，下摆更大，呈喇叭状，结构简单，动感较强。

（4）半圆裙和整圆裙。下摆更大，下摆线和腰线呈180°、270°或360°等圆弧。

紧身裙、半紧身裙、斜裙、半圆裙和整圆裙分别如图10-12~图10-16所示。

图 10-12　紧身裙　　图 10-13　半紧身裙　　图 10-14　斜裙　　图 10-15　半圆裙　　图 10-16　整圆裙

4. 按裙型结构分类

裙装按裙型结构分为直裙、斜裙、节裙三类。

（1）直裙。又称筒裙，是裙类中最基本的裙种，如图10-17所示。它的外形特征是裙身平直，在腰部收省使腰部紧窄贴身，臀部微松，裙摆与臀围之间呈直线，裙身的外观线条优美流畅，有西装套裙、一步裙、窄摆裙等种类。由于造型简洁，一直被广泛应用并逐步发展变化出许

(a) 款式1　　　(b) 款式2

图 10-17　直裙

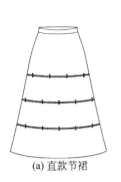

(a) 直款节裙

(b) 蛋糕节裙

图 10-18　节裙

多直裙类的裙型，如各式褶裥直裙、百褶裙和多片式直裙等。

（2）斜裙。斜裙的概念前面已有介绍，此处不再重复。

（3）节裙。又称接裙、层裙、蛋糕裙，有两节、三节和多节结构，它是通过多块面料横向拼接而成（图10-18）。可以有直料与直料、直料与横料、直料与斜料等拼接方式，一般以直料与直料的拼接为主，形成逐渐放大为上窄下宽的塔式造型。此外还有异色的拼接以及采用花边、荷叶边及覆盖、重叠等形式做成的节裙。直裙的基型是一个呈圆柱的筒状。斜裙、节裙的基型由直裙基型转化得来。裙型款式千变万化，但不论是哪种裙型的式样造型都可以从基型图中变化而来。

5. 按裙型的整体形态分类

裙装按裙型的整体形态分为：直裙、半紧身裙、斜裙、喇叭裙、圆摆裙、多片裙、鱼尾裙、螺旋裙、褶裥裙、直线造型裙、倒梯形裙、陀螺裙、裤裙等。

（1）喇叭裙。这是腰线及下摆像喇叭花形状的裙型（图10-19）。腰部加入碎褶的喇叭裙为褶皱喇叭裙（图10-20）。

（2）圆摆裙。这是下摆展开，完全呈圆形的裙摆（圆10-21）。

图 10-19　喇叭裙

图 10-20　褶皱喇叭裙

图 10-21　圆摆裙

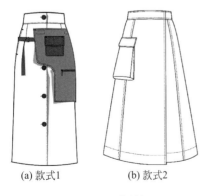

(a) 款式1　　(b) 款式2

图 10-22　多片裙

（3）多片裙。把裙片分成几片，再拼合而成的款式称为多片裙，如图10-22所示。材料选用时，由于是宽松量较少的款式，所以最好采用结实有弹性的面料。

（4）鱼尾裙。该裙型腰围线至臀围线位置比较合体，整体裙造型像美人鱼款式（图10-23），可以自由设计鱼尾裙裙片数，有六片、八片裙等。

（5）螺旋裙。这是裁片呈螺旋状，造型像蜗牛壳一样呈螺旋状的裙型，整体造型像喇叭裙（图10-24）。

（6）褶裥裙。将布按折痕折起，重叠部分称为褶裥。材料选用时应注意褶裥是由面料折叠而成，由于褶裥不易形成，故应采用定形性能好的涤纶等混纺面料。

裥折痕隐藏在折起面料的内部，在前中心、后中心裙摆处加入适当的运动活动量，可形成不同的裙型。

① 箱式暗裥裙。裙的形状呈箱形，两边有折痕，里侧拼接而成，裥在里面形成暗裥（图10-25）。

② 顺裥裙。褶裥呈同一个方向倾倒，也称为顺风褶（图10-26）。

③ 伞裥裙。裙下摆褶裥张开后，造型与伞形状相同，褶幅上窄下宽，如图10-27所示。

图10-23 鱼尾裙　　图10-24 螺旋裙　　图10-25 箱式暗裥裙　图10-26 顺裥裙　图10-27 伞裥裙

（7）直线造型裙。这是将长方形的面料在腰围处加入褶皱和省，使其符合腰围尺寸，然后安装腰头而成的裙型。该裙型可以根据面料形成不同的特色，也可以进行设计加入横向分割线等变化。材料选用时，由于整体用量较多，故采用轻薄、有张力的面料较好，裙摆处可以设计一些装饰花边。具体包括如下类型。

① 碎褶裙。褶皱比较集中的裙型，例如腰部褶皱裙，如图10-28所示。

② 荷叶边裙。裙型下摆装饰花边，下摆呈荷叶形状，如图10-29所示。

③ 节裙。节裙的概念前面已有介绍，此处不再重复。如图10-30将裙料横向分割成几段，在每段中加入适当碎褶缝合而成。下摆处加入褶皱量较多，因此下摆造型宽松，形成喇叭裙的形状。

④ 活褶裙。褶裥的折痕柔软，是自由折起形成的裙型，不需要熨烫处理，如图10-31所示。

图10-28 碎褶裙　　　图10-29 荷叶边裙　　　图10-30 多节裙　　图10-31 活褶裙

（8）倒梯形裙。这是在腰部加入褶裥或褶皱，形成在臀围附近具有膨胀感造型的裙型，如图10-32所示。裙摆大小与紧身裙相同。材料选用时，为了使款式具有膨胀感，宜适合采用有弹性、有张力的面料，与筒裙面料大致相同。

（9）陀螺裙。其款式造型类似陀螺，腰部膨胀，下摆处变细长的裙型，腰部可加入褶、裥、碎褶等，如图10-33所示。

（10）裙裤。这是像裤装一样具有裤筒的裙型款式，其造型有松量很少的紧身裤裙，又有喇叭裤裙、褶裥裤裙等，如图10-34所示。材料选用时，适合采用织造紧密、结实且具有弹性的面料，主要考虑其运动功能性，从运动时穿着到日常生活中穿着，应用比较广泛。

图 10-32　倒梯形裙

图 10-33　陀螺裙

图 10-34　裙裤

总之，从地域上来讲，不同的国家或地区其裙装风格也不一样，例如中国的旗袍裙、傣裙，苏格兰的格子裙及朝鲜的裙装等风格大不相同。从历史上来看也是如此，从古代到现代，有裙长拖地数米的，也有短至膝部的，有紧身的，也有带大裙撑的。近代的长裙一般与脚跟平齐，款式变化很大，特别是近二三十年来，裙装的流行变化趋于多样化、个性化，设计师要掌握裙装结构的根本，善于运用各种方法去分解，使之满足款式造型的要求。

二、裙装基本型

裙装基础纸样结构简单，以平面展开图的形式表现人体的体形特征，包括人体各部位的长度、宽度、围度、角度等，体形不同反映出来基本纸样的平面形状也就不同。因此，制作和研究基础纸样有助于人们对不同的体形特征有一个正确的、科学合理的认识，使设计师更易于把握服装的造型及其与人体的空间关系、人体与服装之间的规律性变化，保持服装整体的平衡感、稳定感等。基础纸样的特点是无任何款式变化及设计因素，这使服装造型的设计易于在基础纸样的基础上展开、完成，包括造型线的设计、角度量的设计、局部量的增减等。裙装的基本造型结构是围拢臀部、腹部和下肢的桶状。连衣裙的变化范围从颈部到地面，半身裙则从腰部以下开始到地面，结构上主要解决腰臀之间的合体度问题。

裙装基本型规格如表10-1所列。

表 10-1　裙装基本型规格　　　　　　　　　　　　　　　　　　　单位：cm

号　型	裙　长	腰　围	臀　围
160/65	70	67	100

裙装基本型制图说明如下。

（1）画基础线。在画纸的下端画一条水平线①。

（2）画后中线。在基础线左边画一条垂直线②，即后中线。

（3）画前中线。自后中线向右量至H/2处画一条垂直线③。

（4）画腰围线。自基础线①向上量至裙长尺寸止（不含腰头宽）画平行线④。

（5）画臀围线。自腰围线④向下量18cm止画平行线⑥。

（6）画侧缝线。前片臀围=$H/4$+1cm，后片臀围=$H/4$-1cm，然后画垂直线⑤。

（7）确定腰围。前后片侧缝起粗0.7cm，后中下落1cm。前片腰围=$W/4$+1cm+4cm（省量），后片腰围=$W/4$-1cm+4cm（省量），然后画顺腰围弧线和侧缝线。

（8）画腰头。宽=3.5cm，长=腰围+3cm（图10-35）。

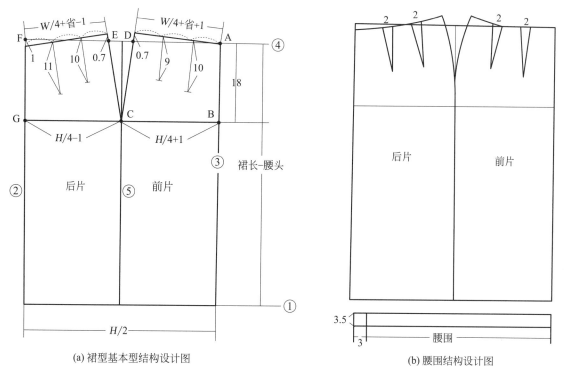

(a) 裙型基本型结构设计图　　　　　　　(b) 腰围结构设计图

图10-35　裙装基本型结构设计图（单位：cm）

W—腰围；H—臀围

（9）完成前后裙片结构设计。

裙型基础纸样的设计主要考虑的是腰线的形状、腰省的大小、省量的分配、省位以及省长，裙型的立体造型自然地表现腰臀部的体表特征，自臀围线以下为直筒状，造型简练，不需要考虑裆部造型和相关的上裆、下裆尺寸，裙身的设计范围较自由，适于在此基础上进行裙型纸样的设计变化。

第二节　裙型变化纸样设计及应用

一、裙型纸样分割设计原理及应用

服装最终是穿着在人体上，因此，服装的分割线与人体的形体特征有着密切的关系。首先，结构的基本功能是使服装穿着舒适、方便，造型美观，分割线设计要以结构的基本功能为前提，因此，分割线的设计是非随意性的。其次，竖线分割是在分割线与人体凹凸点不发生明显偏差的基础上尽量保持平衡，使余缺处理和造型在分割线中达到结构的统一。第三，横线分割特别是在臀部、腹部的分割线，要以凸点为确定位置；在其他部位可以依据合体、运动和形式美的综合造型原则设计。分割裙设计要尽可能使造型表面平整，这样才能充分表现出分割线的视觉效果。

因此，一般分割裙多保持半紧身裙（A形裙）的廓形特征。在结构设计中以A形裙的合身程度处理省，以A形裙摆幅度为根据，均匀地设计各分片中的摆量。当然，有些裙型的分割线并不是为了表现分割的造型，而是为了达到其他的实用目的，裙型的造型就必须保持A形特征。

上述的三个分割造型原则是带有共性的，设计分割裙除了遵循上述几个原则外，还要考虑自身的特殊规律。

根据竖线分割裙的设计原理，在实际应用到裙型中，需要遵循分割线形式美以及分割线造型表面平整的原则去设计，竖线分割裙就是通常所称的多片裙。如四片裙、六片裙、八片裙、十片裙等，也可采用单数分割，如三片裙、五片裙、七片裙等。八片鱼尾裙的裙长通常在膝盖以下，从腰到膝盖比较合体，膝盖以下展开像鱼尾的造型。表10-2是八片鱼尾裙规格。

表10-2　八片鱼尾裙规格　　　　　　　　　　　　　　　　　　单位：cm

号　型	裙　长	腰　围	臀　围
165/66	75	67	100

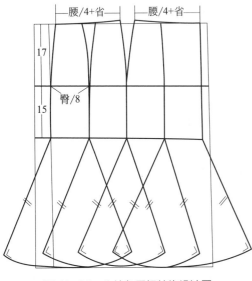

图10-36　八片鱼尾裙结构设计图

八片鱼尾裙的结构设计要点如下。

① 此款共有相同的裙片8片，臀围线下15cm处可根据需要增大或减少，以改变裙型外观造型。

② 可以把臀围线以上的分割线看作一般的省道。

③ 拉链可设计在正后缝或侧缝。

④ 腰头按常规进行设计，如图10-36所示。

二、裙型纸样褶皱设计原理及应用

1. 裙型纸样褶皱设计原理

我们知道，省和分割线都具有两重性：一是合身性，二是造型性。对褶西装裙结构相对简单，但褶的款式造型多样，可以从以下三个方面来理解褶的变化原理及形态特征。

（1）从结构形式看，打褶也具有这种两重性。省和断缝可以用打褶的形式取代，它们的作用相同，而呈现出来的风格却不一样。褶同样是为了余缺处理和塑形而存在的，然而褶还具有其他形式所不能取代的造型功能。

（2）褶具有多层性的立体效果。施褶的方法很多，但无论是哪一种，它们都具有三维空间的立体感觉。其次，褶具有运动感。在打褶方式上，它们都遵循着一个基本构成形式，即褶的一方固定，另一方自然运动。因此褶的方向性很强，同时，褶通过特定方向牵制了人体的自然运动，富有秩序的不断变换，给人以飘逸之感。

（3）褶具有装饰性。褶的造型会产生立体、肌理和动感，而这些效果是附着在人身上的，因此，会使人们产生造型上的视觉效应和丰富的联想。也就是说，褶的造型容易改变人体本身的形态特征，而以新的面貌出现，这是褶具有装饰性的根源。设计师常用丰富的施褶结构设计晚礼服，就是这个道理。褶虽具有装饰性，但是如果运用不当也容易产生华而不实的感觉。总之，施褶设计虽出效果但要因时、因地、因人来综合考虑，这就需要理解褶的种类和特点。

2. 裙型纸样褶皱设计应用

表10-3为对褶西装裙的规格。

表10-3 对褶西装裙规格   单位：cm

号 型	裙 长	腰 围	臀 围
165/66	68	68	100

对褶西装裙的结构设计要点如下。

① 画基础线：在画纸的下方画一条水平线①即基础线。

② 画腰围线：自基础线①向上量至裙长（不含腰头）画基础线的平行线②。

③ 确定臀围线：自腰头线②向下量约19cm，画直线③，前片臀围=$H/4$。

④ 画对褶量：在前片中线处加宽10cm作为对褶的量。

图10-37为对褶西装裙结构设计图。

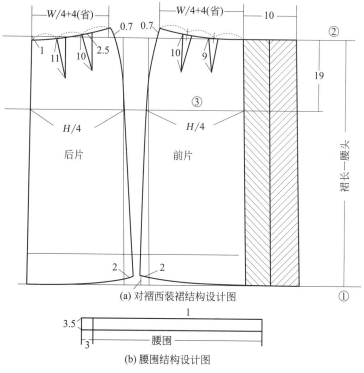

(a) 对褶西装裙结构设计图

(b) 腰围结构设计图

图10-37 对褶西装裙结构设计图（单位：cm）

W—腰围；H—臀围

褶的分类大体上有两种：一是自然褶，二是规律褶。自然褶具有随意性、多变性、丰富性和活泼性的特点；规律褶则表现出有秩序的动感特征。前者是外向性的、华丽的，后者是内向性的、庄重的。由此可见，设计师对褶的使用应有所选择。

自然褶本身又分两种，即波形褶和缩褶。波形褶是指通过结构处理使其成型后产生自然均匀的波浪造型，如整圆裙摆（图10-38）。缩褶是指把接缝的一边有目的地加长，其多余部分在缝制时缩成碎褶，成型后呈现有肌理的褶皱（图10-39）。

规律褶也分两种，即普力特褶（图10-40）和塔克褶（图10-41）。前者在确定褶的分量时是相等的，并用熨斗固定。后者与普力特褶所不同的是，它只需要固定褶的根部，剩余的部分自然展开，像有秩序地作活褶一样。

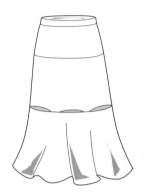
图10-38　整圆裙摆

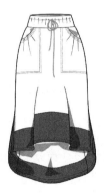
图10-39　缩褶裙

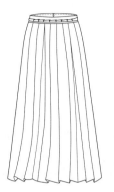
图10-40　普力特褶

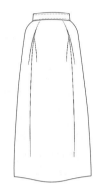
图10-41　塔克褶

另外，从褶的工艺要求来看，无论是自然褶还是规律裙，一般都与分割线结合设计，这是因为必须将褶固定，才能保持住它的形态，分割线便具有这种功能。

由于褶的这些特点，最适合运用在裙型的设计中，因此，褶在裙型的结构设计中运用最广，而且有它独特的表现方法。

三、自然褶裙的设计

1. 波形褶裙

利于行走的波形褶裙无论是功能性的，还是装饰性的，其原理都出自增加裙摆的变化原理。即：影响裙型外形的是裙摆，制约裙摆的关键在于腰线曲度。如果将其应用到单位分割的局部结构中也是适用的。从图10-38中可以看出，波形褶裙的整个设计还是属于紧身裙，不过为了改变以往一般紧身裙的形式，采用下摆两侧直线分割的波形褶设计，使其达到功能性和装饰性的统一。在纸样设计中，除去波形褶的部分，仍和紧身裙的处理相同。应用切展的方法，褶量增加得越多，其对应分割线的曲度越大；对应线分割的形式越复杂，其变形也就越复杂，但总长必须保持不变。

以下为波形褶裙规格（表10-4）。

表10-4　波形褶裙规格　　　　　　　　　　　　　　　　　　　单位：cm

号型	裙长	腰围	臀围
165/66	55	68	94

款式特点：连腰型中腰波形褶边下摆齐膝裙；腰部和衣片连裁，采用腰贴工艺；下摆呈花苞状展开，并连接波形褶边；前片分割线偏移前中心线，后片中心无分割线；腰部前分割线及下摆拼接处均缉明线，侧缝处装拉链（图10-38）。

波形褶裙的结构设计要点如下。

① 腰线上抬6cm，确定前、后省道的位置，画裙原型的两个省量。

② 根据款式图，下摆为波形。后中心无分割线，根据款式图确定下摆弧线。

③ 下摆弧线，均匀展开放入一定褶量，形成波浪效果。

图10-42和图10-43分别为波形褶裙结构设计图和纸样展开图。

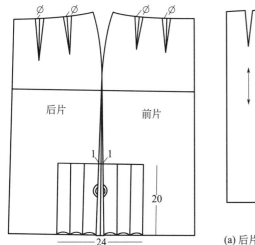

图 10-42　波形褶裙结构设计图
（单位：cm）

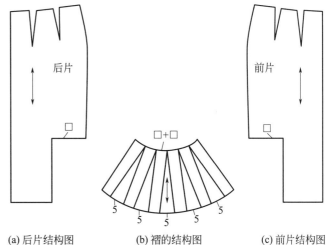

(a) 后片结构图　　(b) 褶的结构图　　(c) 前片结构图

图 10-43　波形褶裙纸样展开图
（单位：cm）

2. 弧形线分割的波形褶裙

波形褶的对应线用弧形线分割，在纸样设计上可以形成同一般波形褶裙不同的设计。如果用曲线和直线结合的形式分割，通过切展增褶处理，该线的变形更为复杂。因此，设计师熟练地掌握其方法是非常重要的。

表10-5为弧形线分割的波形褶裙的规格。

表 10-5　弧形线分割的波形褶裙规格　　单位：cm

号　型	裙　长	腰　围	臀　围
165/66	76	68	94

弧形线分割的波形褶裙的款式特点是：两侧的腿部为弧线分割，侧面呈拱形，拱门缉明线；后中线处分割，上部装拉链；两侧分别抽碎褶。

其结构设计要点是：根据款式图，在臀围线以下直接作弧线分割成拱形，将拱形平行拉伸，画顺线条。

图10-44、图10-45分别为弧形线分割的波形褶裙结构设计图和纸样展开图。

3. 育克缩褶裙

缩褶裙比波形褶的变化更丰富些，因为它的使用范围较广，例如它可以取代省的作用，也可以达到波形褶的表现效

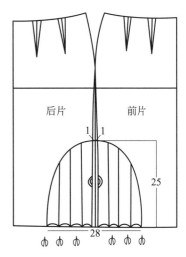

图 10-44　弧形线分割的波形褶裙
结构设计图（单位：cm）

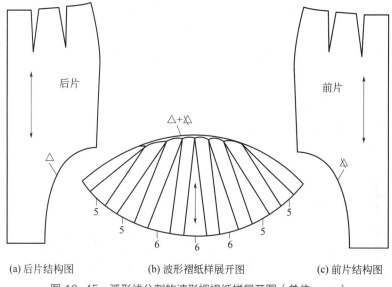

(a) 后片结构图　　　(b) 波形褶纸样展开图　　　(c) 前片结构图

图 10-45　弧形线分割的波形褶裙纸样展开图（单位：cm）

果。在设计原理上它与波形裙结构相反，即裙摆的对应线正是要增加缩褶的线，因此，该线的变形与波形裙摆对应线曲度相反，长度增加，而且缩褶量增得越多，其反差越大。

　　育克缩褶裙廓形与紧身裙相似。腰部设较窄的育克，育克相接的前身断缝是缩褶部位。后身做部分育克和余省保留的处理。前身缩褶的纸样处理是在余省的基础上追加设计量确定的。对缩褶造型的理解主要在设计量的选择上，重要的是当随意设计缩褶量时，必须考虑变形后的纸样边线和角度应能够还原到最初的分割形式上。

　　表 10-6 为育克缩褶裙规格。

表 10-6　育克缩褶裙规格　　　　　　单位：cm

号　型	裙　长	腰　围	臀　围	腰头宽
165/66	76	68	94	3

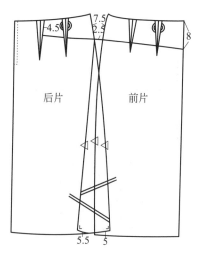

图 10-46　育克缩褶裙结构设计图
（单位：cm）

育克缩褶裙的款式特点是：款式大方、简洁；合体款式，裙长过膝，装腰，斜裙下摆，宜选择垂感较好、柔软的面料。

　　其结构设计要点如下。

　　① 根据款式确定育克分割线，将两个腰省转移至育克——臀腰处贴体结构。

　　② 前门襟宽为2cm，三粒扣，确定纽扣位置。

　　③ 裙片为斜裙的结构设计，通过省尖点画垂线至裙摆，在侧缝处追加切展量5cm。

　　图10-46、图10-47分别为育克缩褶裙结构设计图和纸样展开图。

4. 低腰波形缩褶裙

　　缩褶的波形裙在造型上兼有两种褶的特点，在纸样处理

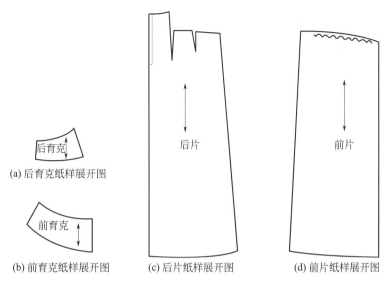

(a) 后育克纸样展开图

(b) 前育克纸样展开图　　(c) 后片纸样展开图　　(d) 前片纸样展开图

图 10-47　育克缩褶裙纸样展开图

中，应兼顾设计。由于结构简单，故不需要借用基本纸样。根据生产图显示，裙型的腰部在增加缩褶量的同时，还要增加裙摆量（波形褶）。在加工时，要使腰部的缩褶量均匀地固定在腰头上，使裙摆自然形成波浪。不过腰部缩褶量和裙摆波形褶量的设计，完全取决于造型要求。但是当上下褶量增幅非平衡时，就要采用倒台体的扇形结构。

表10-7为低腰波形缩褶裙规格。

表 10-7　低腰波形缩褶裙规格　　　　　　　　　　单位：cm

号　型	裙　长	腰　围	臀　围	低腰量
165/66	76	68	94	2

低腰波形缩褶裙的款式特点是：低腰，腰口和分割线处缉明线，右侧缝上端装拉链。此款式时尚大方，适合各年龄层女性穿着。

其结构设计要点是：低腰设计，比裙原型腰线低2cm。

图10-48为低腰波形缩褶裙结构设计图。

四、规律褶裙的设计

1. 普力特褶裙

设计普力特褶裙时需注意以下几个问题。

① 设计处在臀腹部的普力特褶时，要考虑省量在各褶中的均匀处理。

② 各褶量从上至下，一般要平行追加。这样主要是使布丝方向总是和任何一个裙保持一致，有条格的布料更应如此。同时，这种结构所形成的纸样呈长方形，可以使用料很多的活褶结

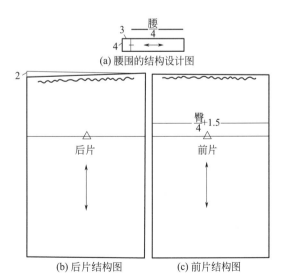

(a) 腰围的结构设计图

(b) 后片结构图　　(c) 前片结构图

图 10-48　低腰波形缩褶裙结构设计图（单位：cm）

163

构拼接自如，从而大面积节省布料。

③ 所有的裥褶都需要熨烫定形，因此，布料应选择有一定化纤成分的混纺织物。

表10-8为普力特褶裙规格。

表10-8　普力特褶裙规格　　　　　　　　　　　　　　　　　单位：cm

号　型	裙　长	腰　围	臀　围
165/66	76	68	94

普力特褶裙的款式特点是：普力特褶裙的纸样设计不需要利用基本纸样，为了直接设计更简便容易，所以裙型的基本造型我们要时刻牢记。图10-50是典型的普力特褶裙结构设计图。其特点是，褶的方向都倒向左手一边，而且整个裙型充满了褶，臀腹部的褶比较服帖，褶摆自然打开排列。为此，在结构处理上，臀腰之差不仅要平均分配到各褶中，而且要把腰至臀线靠上12cm段缉暗线固定。这样可使臀部显得平整而丰满。以下活褶熨烫定形，由于布料的张力，没有被缉线固定的褶，从上至下自然打开。因此，活褶虽然是平行追加的，但这种特殊工艺使其成型后仍显出富有空间感的A形裙特征。

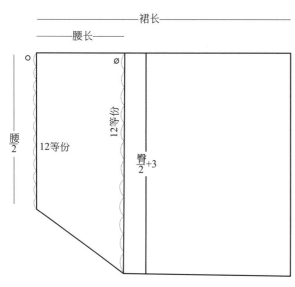

图10-49　普力特褶裙结构设计图（单位：cm）

图10-49所示的裥褶总数是24个，如果用半身纸样设计，就是12个褶。其结构设计要点如下。

① 求出二分之一臀部和腰部的差，只求出腰部和臀部实际的用量，它们之间的差也就得到了。在腰长尺寸上端垂直作一半腰围线段，下端垂直作臀围1/2+3cm（放松量）的线段然后引出裙长作成斜梯形。

② 腰臀两条线长度各做12等分，它们每对出现的差量就是腰臀总差量所平均的部分。把各折叠的褶量（暗褶）夹进每个明褶之间，同时把差量也并入暗褶，注意折叠的褶量不能大于明褶宽的两倍，以避免褶的双重叠。

③ 最后从后中线顶点下降1cm，重新修正腰线，在侧缝设开口，完成前后两片结构。裥褶数量的选择可以随意而定，但无论设多少，腰臀差量都要设法均匀地追加到每个暗褶里。当然，不作用于合身的裥褶也就没有必要做这种处理。

2. 局部裥褶裙

局部裥褶裙是裥褶与分割相结合应用于裙型的局部设计，该活褶是起运动功能的。其造型基本采用紧身裙结构，只是在腰部采用高腰无腰头设计。裥褶不具备合身作用，因此，只需要平行增褶便能达到其应有的功能。

表10-9为局部裥褶裙规格。

表 10-9　局部裥褶裙规格　　　　　　　　　　　　　　　　　　单位：cm

号　型	裙　长	腰　围	臀　围
165/66	76	68	94

图 10-50 所示为局部裥褶裙结构设计图。其前片包含两个尺寸相同并分别倒向侧边的裥褶，外表像一个箱形裥褶。这类裙的省要转移至分割线中间，裥褶上部要缝住，或缉明线作装饰，缉线可缉至臀围线以下 12cm 处。其制作步骤如下。

① 采用原型裙前片纸样，画出分割线，将前省合并后转移至分割线中间，侧缝下摆处加放 3cm。

② 将纸样平行张开，在分割线处加出两倍的裥褶宽度在缝合裥褶的上部时要把省的量缝上。

③ 后片可在后中线处加出一份裥褶宽度，侧缝下摆处加放 3cm。

图 10-51 为局部裥褶裙纸样展开图。

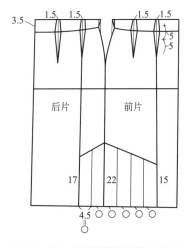

图 10-50　局部裥褶裙结构设计图
（单位：cm）

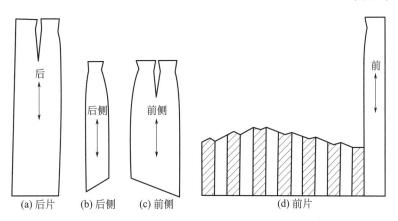

(a) 后片　　(b) 后侧　　(c) 前侧　　　　　　(d) 前片

图 10-51　局部裥褶裙纸样展开图

3. 塔克褶裙

表 10-10 为塔克褶裙规格。

表 10-10　塔克褶裙规格　　　　　　　　　　　　　　　　　　单位：cm

号　型	裙　长	腰　围	臀　围
165/66	76	68	94

塔克褶裙的结构设计要点如下。

① 重新分配省位，将原型前、后片三个省的宽度相加除以 4，平均分配在前、后腰线上，在臀围线上 4~6cm 处取省端点，这样处理是为省转移至裙摆时保持张开的分量相等，同时按款式要求臀围处不需加太多的放松量。

② 将六个省闭合，修顺腰线、裙摆线。先将原型前、后片的省闭合，画直侧缝线，修顺腰线和裙底边线。

图10-52、图10-53分别为塔克褶裙结构设计图和纸样展开图。

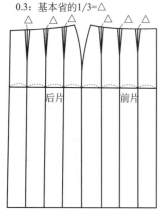

图 10-52　塔克褶裙结构设计图

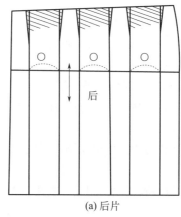
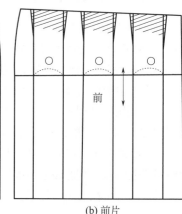

(a) 后片　　　　　　　　(b) 前片

图 10-53　塔克褶裙纸样展开图

综上所述，裙褶的应用是极为广泛的，打褶的手法也多种多样。回顾一下褶裙结构设计过程和变化规律不难发现，褶裙结构往往不是孤立存在的，不仅褶的本身可以相互转化、组合，而且它可以伴随分割进行设计。这就是裙型结构的综合表现特性，合理地利用这种综合手段，可以使裙型设计进入一个崭新的造型世界。

第三节　组合裙纸样设计及应用

组合裙表现为结构上的综合特征，而不是简单的拼凑。通常是分割线和褶的组合，包括分割线与自然褶、分割线与规律褶、分割线与自然褶和规律褶的共同组合等。在组合过程中，不同的造型应选择不同的结构原理。

一、自然褶与分割线的组合裙

1. 分割线与波形褶的组合裙

分割线与波形褶的组合形式共有三种：一是以表现分割线为主，在结构上需做余缺处理，并要充分表现分割线的特征，褶则起烘托分割线的作用；二是以表现褶为主，分割线是为打褶所做的必要手段；三是分割线和褶并重的选择。当这两种形式并重时，在结构处理上应形成浑然一体的效果。美人鱼裙设计就是这种结合的成功之作。

（1）以表现褶为主的组合裙。该设计主要表现的是波形褶，分割线是表现自然褶的手段，并且上部分合体。表10-11是该设计的规格。在纸样设计中，分割线以上用贴身结构，使省并入侧缝，侧腰线翘起画顺。保留另外一省。分割线以下波形褶裙摆量较大，用波形褶结构切展原理完成。由于前后波形褶结构相同只需完成一片即可。

图10-54、图10-55分别为以表现褶为主的波形褶与分割线的组合裙结构设计图和纸样展开图。

表 10-11　以表现褶为主的波形褶与分割线的组合裙规格　　　　　　单位：cm

号　型	裙　长	腰　围	臀　围
165/66	70	68	94

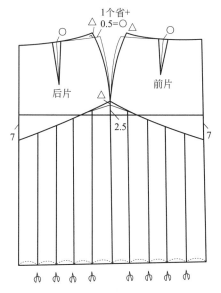

图 10-54　以表现褶为主的波形褶与分割线的　　　　图 10-55　以表现褶为主的波形褶与分割线的组合裙
　　　　　组合裙结构设计图（单位：cm）　　　　　　　　　　　纸样展开图（单位：cm）

（2）美人鱼裙结构设计。这种裙装因颇似鱼的造型而得名。其设计表现为分割线与波形褶的并重结构。为了强调臀部的流线形和裙摆的飘动感，要采用多片分割和逐渐均匀增摆的处理方法。在纸样设计上以八片分割裙为基础进行。首先把腰部省量均匀地分配到分割线中，并将各分割线在膝关节的位置（髌骨线）收缩0.5cm，使臀部曲线自然流畅、造型丰满。分割的每片下摆向两边对称起翘10cm，它的功能是利于行走和增加动感。从整体造型上看，上部显得静而流畅，下部动而飘逸，给人以亭亭玉立之感。在材料选择上要用悬垂性较强、含天然纤维较多的中厚织物。

表10-12为美人鱼裙规格。

表 10-12　美人鱼裙设计规格　　　　　　　　　　　　　　　　　　单位：cm

号　型	裙　长	腰　围	臀　围
165/66	75	67	100

美人鱼裙的结构设计要点如下。

① 此款共有相同的裙片8片，臀围线下15cm处可根据需要增大或减少，以改变裙型外观造型。

② 可以把臀围线以上的分割线看作一般的省道。

③ 拉链可设计在正后缝或侧缝。

④ 腰头按常规进行设计。

图10-56、图10-57分别为美人鱼裙结构设计图和纸样展开图。

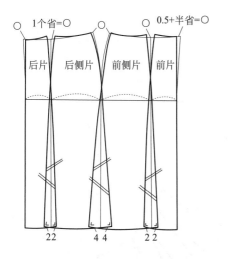

图 10-56 美人鱼裙结构设计图
（单位：cm）

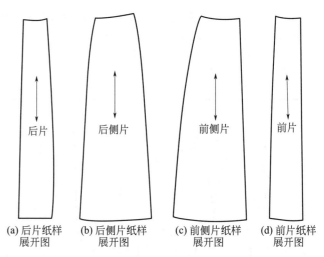

图 10-57 美人鱼裙纸样展开图

2. 分割线与缩褶的组合裙图

该设计以分割线为主，分割成为前身一片、后身两片、侧身各一片的五片结构。缩褶的部分在侧腰，将前后两省和侧缝省合为缩褶量，使分割出的侧裙袋增加立体感和实用性。在两侧分割线中并入另一省并增加裙摆成为 A 形裙，其廓形开口设在后腰中线上。

以下为分割线与缩褶的组合裙规格范例（表 10-13）、结构设计图（图 10-58）和纸样展开图（图 10-59）。

表 10-13　分割线与缩褶的组合裙规格　　　　　　　　　　　　　单位：cm

号　型	裙　长	腰　围	臀　围
165/66	70	68	94

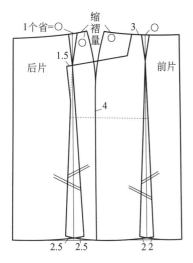

图 10-58　分割线与缩褶的组合裙
结构设计图（单位：cm）

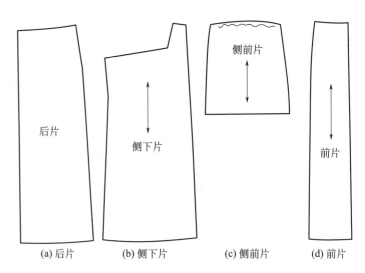

(a) 后片　　(b) 侧下片　　(c) 侧前片　　(d) 前片

图 10-59　分割线与缩褶的组合裙
纸样展开图（单位：cm）

二、曲线分割与裥褶的组合裙

分割线与裥褶，由于各自的款式特点相近，因此它们的组合容易达到统一。分割线是裥褶的平面形式，裥褶则是分割线的立体表现。强调平整洁净和有秩序的立体造型是这种组合的选择，同时又可促进两种因素的对比，从而突出更鲜明的个性。

图10-60和图10-61分别是一个曲线分割线和裥褶组合裙结构设计图和纸样展开图。通过两个省的转移完成育克结构。残留在分割线以下的省并入暗褶中。育克以下前后身共设8个对褶，从断缝到臀线的褶缝缉明线固定，裙长也可以采用迷你式。在布料选择上也可以用面布和异色的暗褶布组合设计。

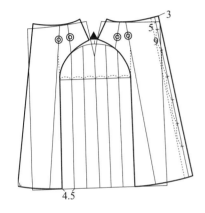

图10-60 曲线分割线与裥褶组合裙
结构设计图（单位：cm）

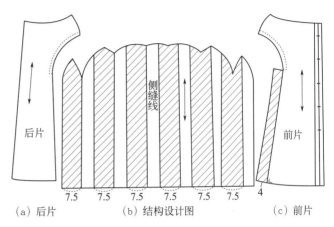

（a）后片 （b）结构设计图 （c）前片

图10-61 曲线分割线与裥褶组合裙
纸样展开图（单位：cm）

变体的组合裙为了达到裙型的某些特殊效果，设计师们创造出一些很有个性的裙型造型——袋鼠裙（图10-62）。从图10-62中很难判断其属于哪种结构，实际它是塔克褶的变体。两侧形成袋鼠褶，不加熨烫定形，利用活褶结构使其自然形成，下摆呈紧身型。因此，要配合这种结构需选择挺括而柔软的材料，较厚重的毛呢织物最佳。在纸样处理上，似乎很难想象它的平面结构，但只要细致地观察分析，问题就不难解决。当设计师遇到这种费解的造型时，首先要有立体和空间的思维方法，甚至要用小的布料动手试一试，来完善思维方法。然后，从立体观察入手，多角度分析生产图与基本纸样造型的不同点。

从正面看，两个袋鼠褶是在紧身裙的基础上增加的；从侧面看，两褶跨越前后身悬垂在侧体，而且没有接缝，只在两褶以上贴身的部分有侧缝；从深度看，两褶是通过两次翻登而成的。这说明袋鼠褶既有宽度、厚度，又有深度，这种分析还要通过实际的纸样设计加以完善。

表10-14为袋鼠裙规格。

图10-62 袋鼠裙
款式图

表10-14 袋鼠裙规格 单位：cm

号　型	裙　长	腰　围	臀　围
165/66	75	67	100

袋鼠裙的结构设计要点如下。

① 把基本纸样的前后侧缝线对齐，在侧缝的两边，确定袋鼠褶的弧线位置，这种跨越前后片的虚构线是对褶宽的代表。

② 固定侧缝线的下端点，分别把前后基本纸样向两边倒，中间形成的锥形缺口，就是对袋鼠裙厚度的代表，可见锥形的张角越大，褶的厚度就越大。剩下的是裙的深度，把前后片所分割虚构的两个曲面转移，使靠外边两个曲面的侧缝线移成一条水平线，并确定该线中点，再把第二个曲面移至外侧曲面和主体裙片之间，各曲面与主体裙片形成的张角构成袋鼠褶的深度。这个过程要注意增加活褶量，并把前后各省并入其中。最后修顺裙摆、腰线，确定后开口、后开衩，前后中线断缝呈左右两片结构。

图 10-63、图 10-64 分别为袋鼠裙结构设计图和纸样展开图。

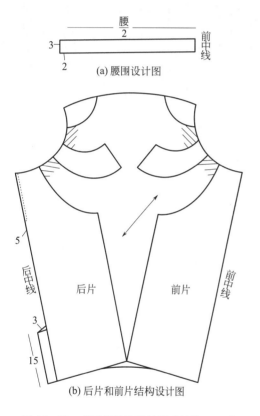

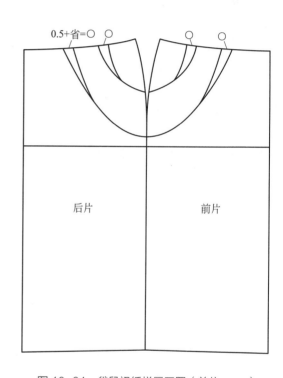

图 10-63　袋鼠裙结构设计图（单位：cm）　　　　图 10-64　袋鼠裙纸样展开图（单位：cm）

袋鼠裙在设计好结构后，缝制时以水平线的中点为准对折缝合，使腰线还原，固定活褶，袋鼠裙方可呈现。

参考文献

[1] 刘瑞璞.女装纸样设计原理与技巧 [M].北京：中国纺织出版社，2005.

[2] 肖祠深.服装纸样实战技术：图解服装纸样 246 例 [M].上海：东华大学出版社，2016.

[3] 李当歧.服装学概论 [M].北京：高等教育出版社，1990.

[4] 刘元风.服装人体与时装画 [M].北京：高等教育出版社，1989.

[5] 张文斌.服装结构设计 [M].北京：中国纺织出版社，2006.

[6] 李正，唐甜甜，杨妍，等.服装工业制版 [M].3 版.上海：东华大学出版社，2018.

[7] 李正，宋柳叶，严烨晖，等.服装结构设计 [M].2 版.上海：东华大学出版社，2018.

[8] 李正.服装学概论 [M].北京：中国纺织出版社，2014.

[9] 阿姆斯特朗.高级服装结构设计与纸样 [M].王建萍，译.上海：东华大学出版社，2018.

[10] 李正，徐崔春.服装学概论 [M].北京：中国纺织出版社，2014.

[11] 王海亮，周邦桢.服装制图与推板技术 [M].北京：中国纺织出版社，1992.

[12] 沈兆容. 人体造型基础 [M].上海：上海教育出版社，1986.

[13] 陈明艳. 女装结构设计与纸样 [M].上海：东华大学出版社，2012.

[14] 郭琦，罗俊，宋佳，等. 人体服装效果图表现技法.长春：吉林美术出版社，2011.

[15] 三吉满智子.服装造型学·理论篇 [M].郑嵘，译.北京：中国纺织出版社，2008.

[16] 中泽愈.人体与服装 [M].袁观洛，译.北京：中国纺织出版社，2003.

[17] 魏静.服装结构设计（上册）[M].北京：高等教育出版社，2006.

[18] 苏石民，包昌法，李青. 服装结构设计 [M].北京：中国纺织出版社，1999

[19] 陈明艳. 女装结构设计与纸样 [M].2 版.上海：东华大学出版社，2013.

[20] 徐雅琴，马跃进. 服装制图与样板制作 [M].3 版.北京：中国纺织出版社，2011.

[21] 文化服装学院.服饰造型讲座 3：女衬衫·连衣裙 [M].张祖芳，等译.上海：东华大学出版社，2005.

[22] 文化服装学院.服饰造型讲座 4：套装·背心 [M]. 张祖芳，等译.上海：东华大学出版社，2005.

[23] 余国兴.女装结构设计与应用 [M].上海：东华大学出版社，2002.

[24] 柏昕.服装缠绕褶纸样设计研究 [J].青岛大学学报，2014（3）：100-103.

[25] 柏昕.垂坠褶服装的纸样设计 [J].纺织导报，2014(12)：74-76.

[26] 欧阳骅.服装卫生学 [M].北京：人民军医出版社，1985.

[27] 日本人类工效学会人体测量编委会.人体测量手册 [M].奚振华，译.北京：中国标准出版社，1983.

[28] 吴汝康，吴新智，张振标.人体测量方法 [M].北京：科学出版社，1984.

[29] 国外服装标准翻译组.国外服装标准手册 [M].天津：天津科技翻译出版公司，1990.

[30] 张文斌.服装工艺学（结构设计分册）[M].3 版.北京：中国纺织出版社，2002.

[31] 吕学海. 服装结构设计与技法 [M]. 北京：中国纺织出版社，1997.

[32] 登丽美服装学院. 日本登丽美时装造型·工艺设计：裙子·裤子 [M]. 上海：东华大学出版社，2003.

[33] 吴俊. 女装结构设计与应用 [M]. 北京：中国纺织出版社，2000.

[34] 冯翼. 服装技术手册 [M]. 上海：科学技术文献出版社，2005.

[35] 张文斌. 服装部件设计丛书：典型领型 198[M]. 北京：中国纺织出版社，2000.

[36] 张文斌. 服装部件设计丛书：典型袖型 178[M]. 北京：中国纺织出版社，2000.

[37] 三吉满智子. 服装构成学理论篇 [M]. 郑嵘，张浩，韩洁羽，译. 北京：中国纺织出版社，2006.